高等院校艺术设计类专业
案例式规划教材

景观铺装设计

■ 编 著 曾丽娟 武欣 徐俊

U0370547

华中科技大学出版社
http://www.hustp.com
中国·武汉

内 容 提 要

　　本书从景观铺装设计概念入手，对景观铺装的功能设计与影响、设计方法、材料与工艺设计、设计应用等方面进行了深入的探讨，为铺装景观提供了一系列的指导，并在最后对景观铺装的发展趋势进行了简要分析。本书收集了大量图片，便于使用者更直观地了解理论知识。每个章节附有小贴士，为阅读学习增添了趣味性。课后练习能更好地帮助读者理解学习内容。本书可作为高等院校建筑类相关专业的教材使用。

图书在版编目 (CIP) 数据

景观铺装设计 / 曾丽娟，武欣，徐俊编著 .—武汉：华中科技大学出版社，2018.5
高等院校艺术设计类专业案例式规划教材
ISBN 978-7-5680-2972-8

Ⅰ.①景…　Ⅱ.①曾…　②武…　③徐…　Ⅲ.①景观设计－高等学校－教材　Ⅳ.① TU983

中国版本图书馆CIP数据核字(2017)第125583号

景观铺装设计
Jingguan Puzhuang Sheji

曾丽娟　武欣　徐俊　编著

策划编辑：　金　　紫
责任编辑：　叶向荣
封面设计：　原色设计
责任校对：　马燕红
责任监印：　朱　　玢
出版发行：　华中科技大学出版社（中国·武汉）　　　电话：(027)81321913
　　　　　　武汉市东湖新技术开发区华工科技园　　　邮编：　430223
录　　排：　华中科技大学惠友文印中心
印　　刷：　湖北新华印务有限公司
开　　本：　880mm×1194mm　　1/16
印　　张：　11
字　　数：　247 千字
版　　次：　2018 年 5 月第 1 版第 1 次印刷
定　　价：　68.00 元

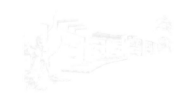

华中出版

本书若有印装质量问题，请向出版社营销中心调换
全国免费服务热线：400-6679-118　　竭诚为您服务
版权所有　侵权必究

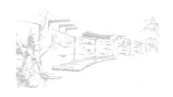

前言
Preface

著名的德国建筑大师密斯·凡·德·罗(Ludwig Mies van der Rohe，1886—1969) 曾说过："上帝存在于细节之中。"当你徜徉于米开朗基罗设计的罗马市政广场，或是漫步在优雅动人的苏州园林中，除了眼前看到的风格鲜明的建筑物，你是否曾因脚下的风景驻足？那些或华丽，或简约，或时尚新颖，或历经沧桑的精美铺装是否让你不自觉慢下脚步，细细欣赏？

铺装并非仅仅出现在特定的景点中，它随处可见，无处不在，它是建筑环境中重要的造景元素之一，可听、可视、可触，我们可以全方位地感受它。随着人们生活水平的提高和生活情趣的增多，城市公共空间越来越受到重视。在我国，改善公共空间的环境质量，建设特色化城市已经是我国城市化进程中亟待解决的重要课题，铺装的设计是城市公共空间设计的重要组成部分，它已经从个别特殊地区向更大的范围拓展，并取得了一定的成绩。例如：重庆解放碑中心购物广场的地面铺装工程、大连星海广场中央的音乐舞台，以及深圳东门步行街的铺装，都是近年来铺装设计中比较成功的作品。我国古代的铺装曾经十分考究，但中华人民共和国成立以后，"实用、经济"的城市建设原则束缚了国内城市向国际化、现代化方向发展。

目前我国的铺装还存在很多不足之处。有的铺装尽管看上去效果不错，但材料耐久性差，施工粗糙，质量低，不能满足步行者基本的行走要求；还有很多地方的铺装没有考虑残疾人、老人以及儿童等特殊群体的需要，不仅没有无障碍设计，连基本的使用功能都无法保证。这说明我国的铺装设计整体还处于落后阶段，发展需求急切而长远。

本书从理论上分析了众多设计作品，深入探讨景观铺装设计中应注意的问题，系统地总结出景观铺装设计的规律来指导实践，争取使设计人员创造出更加人性化的景观铺装，全面提升城市景观的质量。

本书由曾丽娟、武欣、徐俊编著。具体的编写分工为：第一章、第五章由曾丽娟编写；第二章、第四章由武欣编写；第三章、第六章由徐俊编写；牟思杭、祖赫、朱莹、周娴、赵媛、张航、张刚、张春鹏、杨超、徐莉、肖萍、吴艳飞、吴巍、吴方胜、吴程程、王红英、涂康玮、涂昭伟、唐茜、唐云、汤留泉、田蜜、孙莎莎、孙双燕等也参与了本书的编写和资料收集工作，在此表示感谢。

本书为 2016 年广东省本科高校高等教育教学改革项目（粤教高函〔2016〕236 号）"以职业技能和创新能力培养为导向的环境设计专业应用型课程及教学内容体系改革研究"项目阶段性研究成果。

编　者

2018 年 3 月

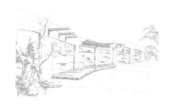

目录
Contents

第一章　景观铺装设计概述 /1

第一节　景观铺装的概念与分类 /2

第二节　景观铺装的历史与发展 /5

第三节　景观铺装的地位与作用 /14

第四节　案例分析 /17

第二章　景观铺装的功能与影响 /27

第一节　景观铺装的空间功能 /28

第二节　景观铺装的艺术功能 /31

第三节　铺装对环境与人的影响 /35

第四节　案例分析 /37

第三章　景观铺装的设计方法 /47

第一节　设计原则 /48

第二节　设计特性 /56

第三节　设计要素与手法 /60

第四节　设计趋向 /80

第五节　案例分析 /83

第四章　材料与工艺设计 /91

第一节　基本技术要求 /92

第二节　铺装材料与工艺 /98

第三节　案例分析 /106

第五章　景观铺装设计应用 /119

第一节　城市广场的铺装 /120

第二节　园林及公园的铺装 /127

第三节　居住区的铺装 /131

第四节　商业步行街的铺装 /134

第五节　城市道路的铺装 /140

第六节　停车场的铺装 /143

第六章　景观铺装发展趋势 /149

第一节　设计结构框架 /150

第二节　景观铺装与城市形象 /150

第三节　案例分析 /154

附录 A　城市道路设计规范常用数据表格 /162

附录 B　常用景观铺装材料品种一览表 /164

参考文献 /169

第一章

景观铺装设计概述

学习难度：★ ★ ☆ ☆ ☆

重点概念：定义、发展、作用

章节导读

　　随着生产力的发展和经济水平的提高，人们的审美能力也随之提升，对生活环境的要求也越来越高，环境艺术因此得到快速发展。景观艺术是环境艺术中的重要组成部分。

　　日本建筑师芦原义信说："外部空间因为是作为'没有屋顶的建筑'考虑的，所以就必然由地面和墙面这两个要素所限定。"换句话说，外部空间比建筑少一个要素，正因为如此，地面和墙壁就成为设计中极其重要的决定因素。无论是公共园林、私家花园，还是各种城市广场、街道和居住区，地面都是一个至关重要的设计因素。贴合主题、铺装精美的地面，会让人赏心悦目（图1-1）。

2

图1-1　建筑景观地面铺装

第一节
景观铺装的概念与分类

景观铺装是以自然环境为本体的人为创造的景观环境。景观铺装隶属于特定的环境，与环境融为一体并与之有机共生。

一、景观铺装的概念

景观铺装有两种主要的类型——硬质铺装和软质铺装。硬质铺装是由混凝土、砖、石板、鹅卵石、碎石等材料以人工的方式塑造的铺装（图1-2）。软质铺装主要由绿化来配置铺装，是景观环境特色的决定性因素之一（图1-3）。常见的景观铺装主要是指在景观环境的营造中，为了满足交通、运动、游憩等活动的功能需要而进行的人工硬质地面铺装（图1-4）。

景观铺装应具有耐损、防滑、防尘、排水等特性，并以其功能性、导向性和装饰性服务于整体景观环境。景观铺装从最初的以满足空间功能为主的单调乏味的形

图1-2　中国太极形状铺装

图1-3　庭院几何形铺装

图 1-4　小区人行道

式逐渐发展为注重人们的心理感受和审美需求的丰富多彩的形式。人们利用广泛的铺装材料和多样化的工艺技术，形成了色彩丰富、质感多样、形式优美的景观铺装，表现出形式上的韵律、节奏等美学特征(图

1-5)。同时还会以一些具有象征意义的符号和纹样赋予景观铺装以独具特色的文化意义和地域特征，构成景观环境中一道独特的风景（图 1-6）。

图 1-5　不规则多边形铺装图

图 1-6　日式纹样道路铺装

小贴士

　　植物表现出来的地域和季节上的变化可以提高环境在地域和时间上的可识别性，软质铺装在景观铺装中扮演了一个"缝合"环境的重要角色。软质铺装与硬质铺装的对比和衬托，还可以增加人体尺度感。

二、景观铺装的分类

景观铺装是人们生活环境的重要组成部分，根据分类标准的不同可分为多种类型（表1-1）。

表1-1 景观地面铺装标准与类型

序号	标准	类型
1	铺装材料	石材铺装、砖铺装、鹅卵石铺装、青石板铺装、沥青铺装、混凝土铺装等
2	铺装质地	硬质铺装和软质铺装
3	铺装目的	功能性铺装和装饰性铺装
4	铺装场所	广场铺装、园林及公园铺装、居住区铺装、商业区铺装、道路铺装、停车场铺装等

在此基础上，每一种类型的铺装还可以细分。以道路铺装为例，它可以分为两大类：一是供一定数量的车辆通行的快行道路，包括公路、城市交通干道、次干道等（图1-7）；另一类则是供行人行走的慢行道路，包括人行道、各种步行街道及尺度更小的景园道路等（图1-8）。很多情况下，快行道与慢行道可以结合在一起，以便满足不同交通需要的人群使用。

小贴士

皮特街购物中心

皮特街购物中心作为世界上商铺租金最昂贵的地方之一，夏季每天有6万人流。过去的老旧街道终于在时代前进步伐中迎来了改建，此次改建旨在恢复悉尼中心的城市设计、公共设施，提供超群绝伦的公共空间，设计主要着力于三个要素：铺装、街道家具、照明。该项目夺得2013年新南威尔士城市设计奖，评委提到："这是一个诗意的改建。每一个要素都简单、清晰、实用、内敛、优雅、坚固并且永恒，同时让人耳目一新。虽然地处喧闹疯狂之地，人在这里依然能感受到平静。"（图1-9）

图 1-7 车行道

图 1-8 人行道

图 1-9 皮特街购物中心

第二节
景观铺装的历史与发展

一、中国景观铺装

1. 中国景观铺装的历史

在战国时期，就有"吴王梓铺地，西子行则有声"。意思是吴王夫差在馆娃宫中以梓板铺地，西施行走于上，步步皆音。另外，明代计成所著《园冶》一书中，对古代铺装进行了系统的介绍，其中铺地开篇第一句"大凡铺地砌筑，小异花园住宅"，强调了铺地应与整体布局相结合，并在书中提出了诸如叠胜、回文、蜀锦、冰裂纹、莲纹等铺装形式。在选材方面，常见的铺装材料主要包括石板、条石、碎石片、瓦片、缸片等（图1-10），这些材料往往就近取材，简单加工，不仅降低了成本，更重要的是，通过对材料的自然纹理、粗糙表面、不规则形状等特点的运用，充分发挥了自然石材的天然美，与古典园林景观整体布局相协调；再加上各种环境艺术手段，创造出了至今仍令人惊叹不已的杰作，特别是在宫殿建筑、陵墓、宗教圣地和风景园林中（图1-11）。

在大门入口或主体建筑前通常选用平铺方砖，或采用石雕铺地的方式来烘托景观的高贵与大气，如皇家园林的代表——故宫，其太和殿前的纹理与构形均采用形式统一的青砖铺地，太和殿下是高7m的

三层白石台基，其正中部两块巨石浮雕精致，布满了精雕细刻的龙纹图案，彰显皇家威严。为体现景观的自然野趣，在我国江南一带的私家园林中，如网师园、拙政园，常在花园的游步道中，或用卵石、碎石片体现其自然，或用青石板凸显环境复古、幽清。

图1-10 条砖铺地

图1-11 小宅园路

小贴士

古代路面主要供行人、马车和牲畜使用，虽然能够满足当时的交通需求，但无论如何也不能与现代铺装材料相提并论。

(1) 太和殿。作为故宫外朝的第一大殿（图1-12），太和殿的铺装也堪称一绝。殿前纹理与构型均匀一致的青砖铺地，连同周围的白色石质围栏，不仅明确限定了皇宫中这一专门用于国家重大典礼、重大节目活动的场所范围，而且作为一块巨大

的"底板"，衬托着三层白色的石台基和黄瓦红墙、富丽堂皇的巨型宫殿。整个空间庄严肃穆、气势恢宏。太和殿下高达7m的三层白色石台基中央是皇帝和文武百官登上殿堂的踏步通道，其正中部分两块巨石浮雕精致，布满了精细雕刻的龙

图1-12 太和殿

图1-13 御道

纹，威严气派。这条巨石坡道仅供皇帝乘轿进出太和殿使用，被称为"御道"（图1-13），体现了封建帝王至高无上的权力与地位。这条巨石坡道不仅坚固耐用，浮雕装饰也将留存千古，向后人展现古代劳动人民巧夺天工的一代匠心。

御道两旁的石头叫品级山，是清代大朝会时官员排班行礼的位标。上面嵌有满汉两种文字的品级阶位。举行典礼时，品级山摆列在太和殿前丹墀内御路两旁，东西各两行，每行自正、从一品至正、从九品，各十八座，总共七十二座。大臣按照自己所属的官职品级站立在相应的位置，向皇帝行礼叩拜。

（2）天坛圜丘。圜丘坛在天坛南部，是皇帝冬至日祭天的地方（图1-14），故又称"祭天台""拜天台"。始建于明嘉靖九年（1530年），按照南京式样建造，用蓝色琉璃砖砌成。清乾隆十四年（1749年）扩建，栏板、望柱改用汉白玉，坛面铺石用艾叶青石。坛为露天三层圆形，象征天，两道外方里圆的围墙象征天圆地方。

圜丘的整个结构是对数学的巧妙运用，坛面、台阶、栏杆的石制构件都取九或九的倍数，即阳数，用以象征天。坛中心的圆形石板，称为天心石，站在上面高喊或发出敲击声，周围即起回音，自己听起来声音很大，好似一呼百应。古代把一、三、五、七、九单数称为"阳数"，又叫"天数"，而九则是阳数之极。所以，圜丘的层数、台面的直径、墁砌的石块、四周的栏板均用天数，表示天体至高至大。坛最高一层台面直径是九丈，名"一九"；中间一层十五丈，名"三五"；最下一层二十一丈，名"三七"。

圜丘坛外面有两重谴墙，均为蓝琉璃筒瓦通脊顶，墙身涂朱。内墙是圆形，四面各有棂星门，都是六柱三门。天坛圜丘前的广场采用不同方向的条砖排列，按照三座仪门的功能，将这一平面划分成不同的空间，以竖排条纹为边界，横排条纹与两侧条纹相互区别，明确限定了皇帝参加祭祀活动时的专用通道（图1-15）。

图 1-14　天坛圜丘青砖铺地

图 1-15　天坛鸟瞰图

（3）丽江古城。丽江古城未受"方九里、旁三门、国中九经九纬、经涂九轨"的中原建城规制的影响。城中无规矩的道路网，无森严的城墙，古城布局中以三山为屏、一川相连；水系利用三河穿城、家家流水；街道布局经络设置有着曲、幽、窄、达的风格。丽江古城的格局是自发性形成的坐西北朝东南的朝向形式。古城的街巷全部采用红色角砾岩（俗称五花石）铺装而成（图 1-16），具有雨季不泥泞、旱季不飞灰的特点，石上花纹图案自然雅致，与古城环境十分协调。而居民庭院的地面铺装也极具特色，采用鹅卵石、红色角砾岩等为原料，图案根据庭院大小或房主喜好而定，内容涉及花鸟鱼虫、八卦阴阳、民间传说等等，手法古朴，布局严谨，体现了鲜明的地方文化与民族风格（图 1-17）。

2. 我国铺装景观的发展现状

目前，我国城市道路建设尚处于发展过程中，协调道路网规划设计、提高城市道路通行能力、减少交通事故仍是城市建设的主要课题。同时，正是由于我国经济发展不平衡，一些大型经济特区、沿海地区经济发展速度较快，急需良好的投资环境来促进、加强国际合作。经济开发区的设立导致同一个城市内对道路建设水平和环境艺术的要求也极不平衡（图 1-18）。

图 1-16　丽江古城街道

图 1-17　丽江古城庭院

古代南方的园林道路，其铺装更倾向于精致细巧。以苏州园林为例，其铺地十分考究，传统的工艺是以条砖构成纹样的边界，中间填充砖、碎石或卵石。纹样丰富多变，步行其上，别有情趣，令人流连忘返。

小贴士

图 1-18　武汉不同地区对比

图 1-19　大连中山广场

目前，在许多特大城市和大城市的重要地段或特殊地段，铺装景观化的要求日益提高。在已完成的一批广场、步行街的建设或形象改造工程中，对于铺装的环境艺术效果都给予了较高重视，形成了一定数量的铺装景观（图 1-19)。

我国虽然在铺装景观中取得了一定成绩，但与发达国家相比还存在巨大差距。以日本为例，早在 1982 年，日本国家道路审议会就针对一直以来的"功能本位"做法，提出街路应该是亲切而充满情趣的空间，主张在道路规划建设中对景观的美感和空间的充裕给予更多的关注，特别是对那些能够代表城市风貌的主要街道和历史古街的规划建设，更应强调富于个性、亲切、愉悦的环境特征，并使之成为城市的象征。这一提案将建设街路空间的理念从以汽车为本位回归到以人为本位，人们期待着充满个性、亲切而令人愉快的街路空间，铺装景观作为街路环境景观构成要素的基础，自然成为研究的重要领域。如今，日本城市中的铺装景观带随处可见，铺装景观的环境艺术功能与交通功能被发挥得淋漓尽致（图 1-20)。

我国的铺装景观目前还仅仅局限在数量有限的城市形象工程中。由于城市铺装景观技术的研究刚刚起步，国内大多数城市规划或市政建设技术人员对铺装景观技术尚不熟悉，也几乎没有任何工程实践经验可以借鉴，加之目前国内

图 1-20　日本铺装景观带

图 1-21　彩色沥青铺装

材料加工生产能力低，建设经费不足，铺装技术落后，目前已经完成的铺装景观工程总体水平还相当低，有些工程十分粗糙，达不到应有的质量水平。为了美化街路景观，改善自行车与机动车混行局面，给驾驶人员较好的视线诱导，北京、上海、广州、成都、厦门、中山等地相继诞生了由彩色沥青铺装的专用道（图 1-21）。尽管由于材料和施工工艺的限制，获得的效果不尽相同，但这起码说明我国的城市建设者已经认识到铺装景观的交通功能，并开始应用于实践。

而在园林设计中，有的设计初看确有可取之处，但实施起来又有困难。若出现问题设计人员也难以解释清楚，最后或改变设计方案或半途而废，这是因为设计人员没有对设计方案进行科学的论证，盲目求新，求景点丰富，不考虑单位的承受能力，也不论布置是否真正合理。由此可见为园林设计项目提供科学依据是极其重要的。

随着我国的经济不断发展，城市建设大规模兴起，城市面积激增，城市发展与生态平衡之间的矛盾逐渐加剧。城市工程不仅消耗大量能源，还造成光污染现象。此外，引用西方园林景观的理念，主观地对原生态景观进行改造，构建人为的自然景观，最终导致景观生态系统的破坏。针对上述问题，我们可以采取以下措施。

（1）因地制宜，统筹建设。城市建设的附属区域是城市景观园林。城市景观园林铺装的目的主要是满足人们的生活，净化人们的心灵，美化城市生活环境，促使社会经济逐渐朝平衡、健康的方向发展。运用因地制宜的方法建设城市景观，并对城市景观园林设计原址的地质地貌、民族风格及植被水利等进行充分了解，这样有利于创造和谐、自然的整体性城市景观园林。

（2）重视创新型城市景观园林设计。城市景观园林的设计和施工建设应该随着科技与时代的不断进步而发展，以丰富的现代艺术手法，勇于创新，打破传统思维模式的桎梏，融入当前时代特色。比如喷泉水景、书法镌刻或者雕塑等各种艺术可应用于景观设计，合理地规划与安排这些元素将会得到意想不到的效果。在气势磅礴的城市园林景观中，运用大色块的植物景观进行铺陈，能够扩大艺术的尺度，形成城市景观园林的艺术化特色。

（3）坚持可持续性与生态性原则。城市景观园林设计应与自然相结合，构建全新的生态理念。其次，还应与生态原则相结合，这样不仅能够节约用水、用地，有效补充地下水，便于新能源的运用，而且能够恢复并保护城市的自然生态系统。园林设计师通常会根据原有的城市景观园林设计，将乡土材料或本土植物与景观园林相融合，对自然水进行有效利用，尽可能地减少人工水的使用，促使整个生态环境的可持续发展，避免人为破坏的现象出现。

（4）积极发掘景观环境中的民族文化资源。景观园林设计要融合多元文化，并应考虑整个城市和谐发展，创造充满活力的城市公共系统，展现未来城市发展规划的创新理念。但我们在发展创新的同时，还应该坚守民族文化精神，弘扬地方和民族特色。这就需要我们在规划设计中积极应对历史化、民族化、乡土化、个性化等问题。

我国街路环境景观存在的主要问题如下：

（1）设施不完善；

（2）环境质量差；

（3）步行空间不足；

（4）忽略民族传统；

（5）缺乏个性。

二、国外景观铺装

1. 国外景观铺装的历史

欧洲的景观铺装历史源远流长，所用的材料都是容易获得的自然物，其中尤以石材最多。最早的石材铺装可以追溯到公元前 5 世纪的罗马时代。在长达数千年的时间里，石材一直是欧洲城市中主要的铺装材料，也一直为欧洲城市居民所喜爱。虽然石材铺装的最初目的是以实用为主，但是当铺装的表面经历千百年的磨砺后，当初平整的地面出现了微妙的起伏，宛若一件历经沧桑的艺术作品记载着古老城市的历史，此时成百上千的石块已经汇聚成一种独具韵味的景观。

（1）圣马可广场。意大利威尼斯的圣马可广场（图1-22），原为兴建于 9 世纪的圣马可教堂的前庭，11 世纪初作为市场发挥作用，后又经历了几个世纪的修建，成为历史上著名的广场之一。圣马可广场不但拥有世界上最卓越的建筑群组合，其

图1-22　圣马可广场建筑群

图1-23　圣马可广场铺装

地面铺装也独具匠心，不同颜色的板材铺砌成美观大方的图案，给人以方向感和方位感，线条的划分有效缩小了空间的尺度，使广场空间更加充实、宜人，这个广场曾被拿破仑誉为"欧洲最美丽的客厅"（图1-23）。

（2）坎波广场。意大利锡耶纳市的坎波广场也是中世纪著名的广场之一，这个广场铺地于13世纪完成，是个尺寸约100m×140m的大空间，9个三角形的铺装面形成倾斜的扇面广场（图1-24），平时游客和市民在此休憩、游玩，看成群的鸽子在广场上嬉戏，整个空间流动着浪漫的生活气息（图1-25）。

（3）罗马市政广场。罗马市政广场又称卡比多广场，是米开朗基罗的杰作之一。广场地面采用深色小块石铺地，通过白色板材条纹分割构成整幅图案，辉煌壮观，增添了空间的整体感。精美的古罗马皇帝玛科斯·奥雷利欧的骑马铜像放置在图案的正中央，在整幅图案的强化和衬托下，更加强烈地吸引人们的视线，突出了广场空间的主题（图1-26）。

2. 国外景观铺装的发展状况

国外发达国家近百年来的城市交通发展历程大致可以分为三个阶段：第一阶段尽快提高道路铺装水平，保证车辆正常行驶；第二阶段进行道路网规划设计，解决道路拥挤、事故增加的难题；第三阶段提高道路在城市景观中的美学功能，保护环

图1-24　坎波广场鸟瞰图

图1-25　坎波广场夜景

图 1-26　罗马市政广场全景

图 1-27　城市立交桥

图 1-28　城市街景

境。其中第三阶段也成为目前世界道路发展的主要特点 (图 1-27)。

在理论研究方面,国外景观铺装以铺装景观技术为核心,全面开展了城市街路景观设计理论研究,研究中充分重视了铺装景观的民族性、民俗性和历史文化,充分体现了以人为本的设计思想 (图 1-28),与此同时,开发了大量铺装景观材料,制定了各类铺装景观结构设计方法,并形成了由政府、社区、民间社团共同推动铺装景观事业发展的良好局面。

在实践方面,铺装景观以其自身独特的魅力和对空间环境产生的良好艺术效果,大量应用于城市街路空间设计中,出现了一大批优秀的铺装景观设计作品。例

如,查理斯·摩尔设计的美国新奥尔良意大利广场,广场为圆形,从四周道路开始用浅色的花岗岩块石铺砌,在石块之间用深色的花岗岩板材铺出同心圆的图案,接近广场的中心砌成西西里岛,暗喻着意大利移民的来源,在半岛的最高层有瀑布流出,象征意大利三大河流,这个广场是美国最有意义、最有个性的城市广场之一(图 1-29)。帝京平成大学校园广场通过运用重复的正方形图形和其间种植的榉树营造区域感,给人一种独特的体验。其铺装图案各异,黑白花岗岩铺装石和木制甲板构成对比。地面图案也会垂直分布在不同水平面上,体现用途的多样性(图 1-30)。

图 1-29 新奥尔良意大利广场

图 1-30 帝京平成大学校园广场

世界上最弯的街道和最长的国道

小贴士

九曲花街 (Lombard Street，直译为"伦巴德街") 位于美国旧金山市区俄罗斯山丘 (Russian Hill) 上，是世界上最弯的街道，有八个急转弯。这条街道当初是为了缓解繁忙的交通而设计、建造，如今却成为旧金山最吸引人的一条街 (图 1-31)。澳大利亚沿海边修了一条环澳洲公路，称为一号公路 (Highway 1)，它全长 14500 公里，环行一周需 20 多天，是世界上最长的国道 (图 1-32)。

图 1-31 九曲花街

图 1-32 澳大利亚一号公路

第三节
景观铺装的地位与作用

景观铺装是塑造环境美的一部分。城市景观环境的和谐不但要求宏观上规划得当，细部的设计也至关重要。宏观上，景观铺装所形成的大面积地面区域，其中的色彩、纹理、图案等要素应与周围的城市环境、特定的区域相协调；微观上，小至每一单位面积的铺装材料的质感、铺装形式也可以形成独特的景观效果。

一、景观铺装的地位

随着可持续发展和人本主义理论在城市建设中的应用，景观艺术已经成为城市建设与发展的重要因素，传统的城市街路设计与铺装技术已经不能满足现代城市建设的要求。许多设计者与心理学家对目前城市地面普遍缺乏人性和个性的状况提出了尖锐的批评。色彩千篇一律、表面质感单一的沥青路面和水泥混凝土路面，会带给人单调乏味甚至沉闷压抑的心理感受。于是，人们开始运用各种铺装材料和施工工艺美化路面，丰富的色彩、各具特色的

质感、形式多样的构形所表现出的韵律、动感，以及一些带有象征意义的细部设计等赋予路面生命力与个性，它们本身构成了一种景观，我们称之为景观铺装（图1-33、图1-34）。

城市街路空间是城市居民最重要的活动空间，而从人的视觉特点考虑，当人们在街路上行走时，为了看清楚行走路线，视轴线往往向下偏了10°左右，实际上只看见建筑物的底层、路面以及街路空间本身正在发生的事情。因此，城市底界面在街路空间中占有重要地位，是人们心理、生理和视觉上接触频率最高的界面，其环境质量的高低对城市街路环境景观有举足轻重的影响。

图1-33　城市街景

图1-34　创意景观铺装

小贴士

在现代化城市中，当地面交通足够发达时，街路面积将可能超过城市规划面积的30%。铺装景观将会在城市外部空间景观环境中占据越来越重要的地位。

二、景观铺装的作用

景观铺装不但应满足路面最基本的使用功能，而且还可以通过特殊的色彩、质感和构形加强路面的辨识性，划分不同性质的交通区间，对交通进行诱导，有效地限制车速，加强人车之间的拦阻，给人以方向感和方位感，从而进一步提高城市道路交通的安全性能（图1-35）。

景观铺装在街路环境景观中占有极其重要的地位，是改善街路空间环境最直接、最有效的手段。景观铺装强烈的视觉效果给人们留下深刻的印象，满足人们对美感的深层次心理需求。景观铺装可以营造温馨宜人的气氛，使街路空间更具人情味与情趣，吸引人们驻足，进行各种公共活动，使街路空间成为人们喜爱的城市高质量生活空间（图1-36）。

美化环境，改善人类生存空间的质量，创造人与自然、人与人之间的和谐是景观设计的最终目的，也是景观设计最重要的作用。合理的空间尺度，完善的环境设施，使人喜闻乐见的景观形式，这样的景观设计贴近生活，不仅能决定某个地区的品位和发展潜力，还能很好地体现一个地区的精神状态和文明程度（图1-37）。

景观设计的另一个作用是最大程度地给人类带来美的享受。大量的绿化种植、水池设施，可以创造一个健康、舒适、安全的生活环境，可以调节人的情感与行为（图1-38）。

景观设计还可以让生活在喧闹城市的人们亲近自然，成为衔接都市生活与自然

图1-35　谢菲尔德街景

图1-37　首尔街景

图1-36　爱丁堡街景

图1-38　小区道路

图 1-39 沈阳某一餐厅庭院

图 1-40 小区草坪台阶

的桥梁，同时又可以给城市提供回归自然的场所，给农村提供某种城市的空间职能，满足人们多元化的需求，使人们的生活活动空间更为广阔，更加自由。

景观铺装的作用主要体现在以下四点。

(1) 良好的景观铺装能丰富空间层次，并且呈现条理性，创造出更加优美的景观环境，给人们带来美的享受。

(2) 景观铺装与环境相协调，美化了城市空间的底界面，使得城市景观环境完整、和谐。

(3) 结合地方特色的景观铺装能够唤起城市居民高度的认同感与归属感，继承和发扬城市生活的优良传统。

(4) 生态化的景观铺装既美化了环境，又保持了生态的可持续发展，有利于居民的身心健康 (图 1-39、图 1-40)。

第四节
案 例 分 析

一、夏威夷 IBM 大楼广场

夏威夷著名建筑 IBM 大楼全新的庭院景观让人眼前一亮，与建筑本身相辅相

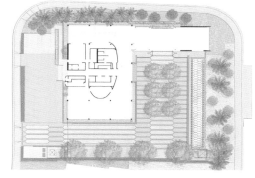

图 1-41 广场平面图

成 (图 1-41)。广场的铺装与简洁的建筑立面相呼应，展现了当代夏威夷的建筑风采与深厚的文化底蕴。庭院凝聚了夏威夷建筑、景观的精华，每天迎接踏入这片火奴鲁鲁市中心大型商住区域的人们 (图 1-42)。

在设计团队介入前，这座极富魅力的建筑一直被停车场环绕。而如今绿意葱葱的庭院之中，铺装和水景巧妙地呼应着建筑立面上蜂巢状的图案，表达了景观设计团队对建筑设计者的敬意 (图 1-43)。设计中融入了当地特有的景观形式，清晰的空间格局可为日常各种活动所用，在城市的边缘地带创造一片宜动宜静的休憩场所。线型的景观水体界定出前院的空间，

设计师在景观铺装设计时，要合理运用各种艺术手法，也要注重景观铺装的生态效应，使景观铺装达到功能性、艺术性和生态性的完美结合，实现空间景观资源的最大化利用。

图 1-42　设计效果图

图 1-43　蜂巢图案的铺装

微微起伏的水平面仿佛是不远处海平面的延伸，不断变化的阳光照射在水面之上，波光粼粼（图 1-44）。火山岩以不同的形式相互拼接，经过抛光处理的边界反射着天光，火烧面的磨砂岩块泛着细碎的光芒，而凹凸不平的自然面则带来粗犷的气息，层次丰富的铺装在白天和夜晚中闪烁着不同的光彩。

变化的铺装尺度呼应着整体的空间格局，也让使用者能更直观地感受到建筑与场地的尺度变化（图 1-45）。阵列式的草坪与硬质铺装相互穿插，表现当地休闲文化的同时，也带来了良好的生态效应（图 1-46）。

除了在历史与视觉层面上与建筑相契

合外，本设计还蕴涵了当地神话中夏威夷诞生的故事。传说中，大地为母，天空为父，而人类则是它们后代 Taro（芋头）的守护者。设计团队邀请当地原住民的后代参与到设计过程中，将这个口口相传的神秘传说以可见的形式呈现出来。庭院之中，斑驳的水光透过玻璃面板映照在其下的土地和芋头植被之上，神话中的一家人也在此团聚（图 1-47）。

抬升的水景元素既从视觉和空间体验上联系了场地与其文脉，也与不远处的大海相呼应，反射着变化不定的天光。建筑的立面倒映在水面之上，带有些许迷幻的色彩，景观设计师用出人意料的方式，创造了建筑与环境的新联系。淅沥的落水声

图 1-44　阳光下的铺装

图 1-45　建筑与场地变化

图 1-46　阵列式草坪

图 1-47　水台玻璃板面

盖过了临近道路上的喧闹，站在庭院眺望远方，起伏的海浪席卷而来，仿佛一次次撞击着宁静的水面（图1-48）。而在夜晚，自下而上投射的灯光凸显了钢铁铸成"小溪"的线条。"溪水"在空中划过一道道优雅的曲线，落入环绕庭院的水渠之中，水面倒映着阑珊的夜色，庭院也似乎悬浮在城市之上（图1-49）。

材质方面，设计师挑选了最能代表夏威夷景观的少量植被和石材。水体、玻璃、金属甚至是植物等各式媒介反射着阳光，灵动而富于变化。丰富的景观层次在不同的天气状况下呈现出不同的美丽。本项目是夏威夷群岛第一个囊括了所有本土植被种类的景观设计项目，在城市环境中向人们展示着这里丰富的生态资源。

图 1-48　循环水渠

图 1-49　庭院水池

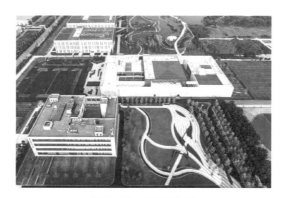

图1-50　厂区鸟瞰图

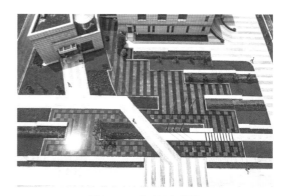

图1-51　前广场鸟瞰图

二、东阿阿胶生物科技园

文化创意和旅游产业的融合，是现代景观设计的重要思路，在21世纪推动产业和城市双转型、发展创意经济、提升文化软实力的大背景下，文化创意和旅游的融合被赋予了全新的内涵。位于山东聊城的东阿阿胶生物科技园是以三千年的阿胶历史文化为载体，以健康旅游养生体验为核心，集生产研发、质量监控、工业旅游、体验服务等功能为一体的新兴产业园（图1-50）。设计师通过人工的创意设计和空间、小品、场景、氛围等的整体再创造，增加厂区的审美体验价值，同时提升场地的旅游价值（图1-51）。

在办公楼旁设计了像素概念的钢板种植池，计划在每个方块中种植不同的草药，以此体现阿胶生态养生的理念（图1-52）。为了迎合阿胶"寿人济世"的企业使命，设计师们在主次入口的景观节点处设计了一条"生命水渠"，以异形廊架顶端与地面连接的一条循环的水系统来寓意生命的延续，以线性肌理的铺装配合镜面水池，形成丰富多变的引导性空间（图1-53）。

在前广场，设计师将建筑外部的几何元素利用到广场铺装上（图1-54），使其与厂区的核心理念和钢板种植池相互呼应（图1-55）。

图1-52　钢板种植池

图1-53　生命水渠

图 1-54 池边六边形地砖铺装

图 1-55 三角形马赛克铺装

三、北京石景山游乐园南广场绿地

在石景山游乐园南面的带状节点设计中（图 1-56），通过重新布局，将郁闭的空间局部打开，以轻松流畅的形式化解长安街庄重严肃的仪式感（图 1-57）。

设计师试图将各个元素串起来，用一条在绿地里穿梭起伏的景石序列来承载观赏、种植池、座椅、步道等功能（图 1-58），石材界定出步行与绿化空间（图 1-59），地形与石材、植被相交（图 1-60），石材延伸到绿地中成为植物造景的一部分（图 1-61）。

图 1-56 鸟瞰图

图 1-58 景石

图 1-57 入口处

图 1-59 划定空间

图 1-60　地形与石材、植被相交

图 1-61　优美的景色

设计者不仅在布局上采用曲线设计（图1-62），在铺装的石景中也使用了曲面设计（图1-63、图1-64）。设计采用黑（黑色露骨料混凝土）、白（非线性曲面石材）、灰（混凝土铺装）三种色调带来舒适的空间视觉体验，流畅的石材使场地灵动而有张力（图1-65）。

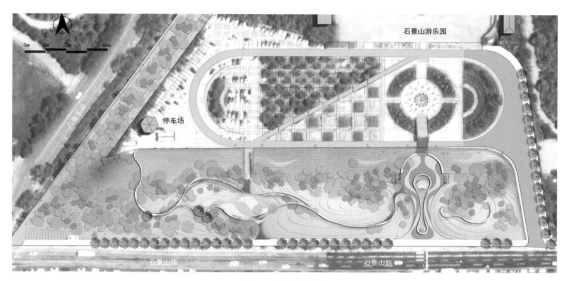

图1-62　平面图

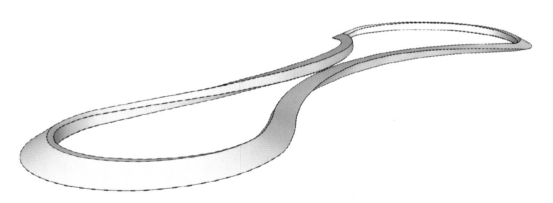

图1-63　曲面设计

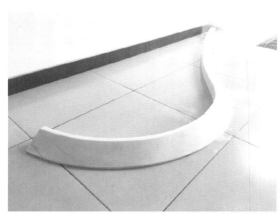

图1-64　模型打样

图 1-65　铺装效果

景 观 道 路

小贴士

顾名思义，景观道路是指城市景观中供各种车辆、行人通行而设置的道路。从心理学的角度来说，人们都有观察他人活动的愿望，因而道路也可以看作是一种景观。如果设计得当，道路也会给城市环境带来丰富的内容。在古代，生产力十分低下，道路不一定需要铺装，而随着社会的发展，巨大的交通流量与负荷，以及对卫生、舒适的要求，各种景观道路如今都需要进行铺装。这样不但可以为人们的出行提供舒适的交通环境，也可以提高道路的耐压、耐磨性能，延长道路的使用寿命。

思考与练习

1. 简述景观铺装的概念。

2. 景观铺装大致可分为哪几类？

3. 古代景观铺装对于现代景观设计有何参考价值？

4. 简述景观铺装在现代城市铺装中的地位。

5. 简述景观铺装的历史意义和现实意义。

6. 结合实践，谈谈你如何认识未来景观铺装的发展。

7. 根据本章第四节的案例分析，阐述 IBM 大楼广场运用了哪些设计元素。

8. 你从本章第四节的案例中得到了什么启示？

9. 到图书馆中查阅相关资料，收集有关案例，撰写 1 篇学习心得。

第二章
景观铺装的功能与影响

学习难度：★ ☆ ☆ ☆ ☆

重点概念：功能、影响

章节导读

景观铺装是城市底界面中"第二层次轮廓线"的重要部分。它从环境艺术角度出发，顺应现代城市建设需要和市民休闲活动要求，包括环境艺术、材料、结构、设计方法和行为心理学等领域。在学习具体设计方法前，我们有必要整体学习景观铺装的功能以及影响。景观铺装是现代人类生存环境的重要组成部分，归纳起来主要体现在空间功能和艺术功能两个方面（图2-1）。

图 2-1　美国新式街区

第一节
景观铺装的空间功能

空间功能又称物质功能，它能满足人们在城市生活中的具体使用要求（图 2-2），如散步、交通、休闲、交往、功能分区等（图 2-3）。

一、划定景观边界

景观铺装是划分环境中不同功能区域的边界，使其更加明确，易于识别。通过不同铺装材料的运用，可以使行人辨别出运动、休息、入座、聚集等标志。同一种功能的区域可采用相同的铺装形式，当铺装发生变化时，也就暗示着功能与作用发生了变化。例如划定人行道与车行道，使行人、车辆在各自的范围内活动，不但保证了交通顺畅，也可以确保行车安全（图 2-4）。用景观铺装划分边界可以相对减弱栅栏等强制性设施给人造成的心理压力（图 2-5），同时人们更容易在它所划定的范围内行动。

二、组织空间

现代城市中的景观环境功能较为复杂，往往由多个小空间组成。利用景观铺装加以区分，可以根据需要把各个小空间组织成一个连贯的空间序列，从而将整个景观环境联结成一个有机的整体，也有利于

图 2-2　交通道路

图 2-3　公园道路

人们感受空间的有序性与整体性 (图 2-6)。

三、引导人流

在区域功能比较复杂的空间中，有时需要借助一定的指示和引导性措施来组织人流。一般而言，铺装的变化不宜过多，否则会破坏居住区安宁的氛围，但适当的铺装变化却可以对行为进行良好的引导。舒适美观的路面鼓励行人行走，而粗糙不舒适的路面可以传达拒绝人们穿越的意图，即不同铺地材质的变换可以传达功能的变化，从而起到引导人们行为的作用。铺砖图案的导向性可微妙地引导人流运动的方向，有时还可影响人们行走的节奏和速度。采用地面铺装来对空间进行分隔，形成多样化的空间，也可使两部分空间产生联系，铺装图案的导向性有时还可产生

不同的空间气氛。架空底层的铺装与外部空间的铺装之间如果有界线，最好采用柔和、平缓的线条，也可采用逐步过渡的方式。架空空间和外部空间铺地相连时，外部空间道路延伸到里面，旁边配以不同铺地装饰，形成宽窄变化、曲线流畅的小路。

相同的铺装会使两个空间联系在一起，线性分段铺装能影响运动的方向，而且能微妙地影响人们游览的感受。虽然指示牌、地图等可以起到引导的作用，但设置不当很容易被人忽视。而景观铺装则可以弥补这方面的不足。由于铺装的面积一般比较大，且位于人们的视线下方，更容易引起人们的注意，不论是材质，还是色彩、图案的变化都可以区分不同的空间，给人们以引导 (图 2-7)。

图 2-4 采用围栏划分

图 2-6 厦门状元广场

图 2-5 采用绿植划分

图 2-7 公园道路分支

四、保护其他非践踏设施

景观中的某些设施，例如一些旱喷设施、不耐踩踏的草皮植被等，不允许行人践踏，否则将影响其使用效果。这时就可以利用铺装圈定范围对其进行保护，提醒行人绕行（图 2-8）。

五、警示、提醒注意

当行人、车辆进入某一特殊区域时，地面铺装的变化可以起到警示、提醒注意的作用。例如某些国家、地区的公交车专用车道，为了禁止其他车辆占道，采用颜色鲜艳的特殊材质进行铺装加以区别。另外，一些商业店铺和私人住宅的门前区域也能起到提醒注意的作用，提醒他人将进入某一私人领域，如有必要请绕行等。还有一种形式的铺装是在大面积连续的道路上采用不同的材质制作出高于一般地面的铺装，车行至此将颠簸，从而起到间接减速的作用，提醒车辆进入特定的区域（图2-9）。

六、图案的运用

在景观设计中，地面铺装的图案纹样以多种多样的形态来衬托和美化环境，以此丰富园林的景色。纹样起到装饰路面的作用，而铺地纹样因场所的不同又各有变化。一些用砖铺成直线或平行线的路面，纹样可起到增强地面设计感的作用。通常，与视线相垂直的直线可以增强空间的方向感，而那些横向通过视线的直线则会增强空间的开阔感。另外，基于平行的形式（如住宅楼板）和呈直线铺装的砖或瓷砖，会使地面产生伸长或缩短的透视效果。正方形、圆形和六边形等规则、对称的形式可形成宁静的氛围，适合休闲区域的铺装。类似同心圆的图案的铺装材料通常是小而规则的砖头、鹅卵石等，这些材料布置在地面或广场中央会产生强烈的视觉效果。表现纹样的方法有块料拼花、镶嵌、划成线痕、滚花、用刷子刷、做成凹线等。同样的材料采用不同的铺装方式则会产生不同的空间效果。例如：地砖在庭园中横向交错铺装将使庭园显得宽敞，增强空间感；而用同样的材料在庭园里纵向铺装，则会出现相反的效果，令庭园变得狭长。

伴随着社会的进步与园林的发展，地面铺装所选用的材料种类更加丰富，质感也不断变化。这就要求景观设计者在选

图 2-8　铺装圈定

图 2-9　专用车道

择材料、造型、纹样等过程中不故步自封，不怀疑和排斥新事物的使用和推广，也不盲目追新求奇，铺张浪费。尽管设计师在设计的时候周全地考虑了各个方面的因素，但是由于园林是一个动态的环境，人的活动多少会对它的存在和发展产生影响。当前我国园林行业发展相对滞后，难免会出现设计与施工脱节的现象，并且管理与养护人员的素质参差不齐，导致设计的作品不尽如人意，经不起时间和空间的考验。园林景观铺装的设计在营造空间的整体形象上具有极为重要的作用。园林景观铺装设计时应注意遵循一些原则，既要富于艺术性，又要满足生态要求，同时更加人性化，给人以美的感受，以达到最佳的效果。

小贴士

不同国家的人行道

美国路易斯堡的人行道用白线划分成三条道。喜欢看橱窗闲逛的人可走里边的道，习惯慢步行走的人可走中间的道，急于赶路的人则可走外边的道。日本的街道一般比较狭窄，采用彩色铺装配合硬质隔断的人行道设计，大大增强步行的安全感和舒适感。新加坡的一些人行道采用彩色水泥砖或天然的有色石块铺成，被称为彩色人行道。而澳大利亚布里斯班河畔的步行道铺装考究，辅有一些带特殊图案的彩色路标，使步行活动更具趣味性。

第二节
景观铺装的艺术功能

艺术功能又称精神功能，满足人们在城市公共空间使用中的美学、心理学要求，进而满足人们对城市的归属感、认同感等深层的文化和社会方面的要求，这也是铺装景观刻意追求的功能。

一、满足人们的心理需求

科学合理的铺装能够充分体现人性化的设计原则，满足人们的生理、心理需求（图2-10）。室内空间是由地面、天花板、墙壁组成的三要素空间，而城市空间则只具备地面和侧面（图2-11）。

另外，任何来自外部环境的信息都会刺激人的心理反应，地面作为距离人们身体最近的空间要素，其质量的好坏，必然会引发人们对周围环境的情感。因此景观铺装的心理学意义不可忽视（图2-12）。

景观环境中，不同类型的游人对地面铺装形式的要求也有所差异。比如，在儿童的游戏区域，儿童的玩耍性需求不仅

图 2-10　公园道路铺装　　　　　　　图 2-11　中国新中式庭院

体现在游戏设施的选择与更新上，还应延伸到地面铺装质感与色彩的运用等方面，在整体的地面铺装中，应主要采用硬度小且弹性和抗滑性好的材料，应用趣味性的符号和鲜艳的色彩。这样的铺装形式在提高安全性的同时，能进一步激发和引导儿童的玩耍特性。在以娱乐休闲为主的区域中，人们对地面铺装的需求不像商业区域那样，讲究整体铺装风格的规格化及高雅与华贵，而是通过地面高低、边界、铺装色彩及材质的变化来营造供人们休憩及游玩的小空间，因此铺装色彩应多样且富于变化，材料质感应粗糙，使人感到朴实亲切、自然随意。另外，随着老龄化的加剧，人们对于自身的健康状况也越发重视，鹅卵石步道已成为健身休闲区域的主要铺装形式。其次，对于一些人车混行的道路，可适当增加铺装的肌理，或采用块料铺装的形式来降低车行速度，提高路面的安全性。现如今，环境的营造几乎都是围绕人来开展，很少考虑动物的习性需求，比如城市中的鸽子，它们主要根据色彩做相应的选择，通常最讨厌鲜艳的红色，喜欢浅一些的灰色，因此，在地面铺装色彩上可

从这方面考虑，以增加人与动物的和谐性。

从心理学角度讲，如果活动时有两条街道可以选择，大多数人都会选择充满活力的那条街道，这体现了人们对城市生活质量更高层次的需求。景观铺装的艺术功能能够充分满足人们这种需求，通过铺装色彩、材质、构形、尺度的变化，运用不同形式的标高、边界处理手法，为人们创造优雅、舒适的景观环境，营造不同功能和特色的温馨、适宜的交往空间（图2-13）。

二、满足人们的审美需求

良好的景观铺装还可以满足人们的审美需求。例如，在供儿童玩耍的小广场上，铺装可以使用适合儿童心理的色彩和图案，突出欢快、富有童趣的特点，不仅儿童喜爱这种铺装，就连成年人也会被这种铺装营造的氛围感染，心情随之变得轻松、愉快（图2-14）。再如，在商务写字楼的楼前区域及楼间的空地上，理性化的铺装与环境相协调，给身处其中的人们这样一种环境信息：这里是现代化高效的办公场所，不适合逗留、驻足（图2-15）。

图 2-12　武汉樱花园

图 2-13　同济大学屋顶花园

三、连接建筑物与环境

　　一个良性发展的城市还需要健康的景观环境设施及多样的艺术表现形式（图2-16）。城市中能够起到连接与结合作用的最有效方法之一是地面的格局（图2-17）。地面是建筑物与环境之间的连接体，它相当于一块巨大的底板，让各种颜色与质感的建筑如同模型陈设其上。因此，地面作为背景的底板也应与建筑物具有同等的景观作用（图2-18）。在这种情况下，加强地面的景观设计是十分必要的。

　　尽管地面作为底板仅具有二维的平

图 2-14　迪士尼乐园草坪铺装

图 2-16　太古绿化广场

图 2-15　合肥商业办公楼楼前空地

图 2-17　汇港商业中心

图 2-18　广西百色干部学院

图 2-19　上海世博会展馆

面属性，但质感、色彩、纹理、构形不同的地面铺装可对三维空间起着迥然不同的装饰、分割、强调、连接和划分的作用，并用自身的表面特性衬托着立方体的建筑或建筑群（图 2-19）。在一些特殊场合，若没有限定区域内精心布置的地面铺装，甚至不存在某种流派的建筑风格。景观铺装统一了建筑外部空间环境，使建筑物与周围环境巧妙地结合起来，浑然一体（图 2-20）。

就艺术风格而言，景观铺装的艺术形象应该与所处的建筑环境相协调，弥补和加强建筑手法所渲染的环境气氛，形成协调的艺术空间（图 2-21）。

四、美化城市形象

公共空间的形象往往代表城市的形象，城市的形象又反映城市的政治、经济、文化和技术的发展水平（图 2-22）。城市公共空间景观质量的优劣将对人们的精神文明产生很大的影响。对当地市民来说，公共空间景观质量的提高可以增强市民的自豪感和凝聚力，促进城市物质文明和精神文明建设的良性发展。对旅游者和公出办事的人员来说，独具特色的景观铺装可以直接影响他们对某个城市的整体印象（图 2-23）。

从某种意义上讲，城市公共空间的形象就是人们心目中这个城市的形象。

图 2-20　广东白教堂

图 2-21　朱家林古村新建

图 2-22　亚特兰大城市广场

图 2-23　挪威滨海步道

良好的地面景观铺装则会加深人们对空间的印象，而且，大面积的铺装配合绿化还可以有效控制城市扬尘污染，改善城市环境质量，从而形成良好的城市生活环境。

第三节
铺装对环境与人的影响

随着社会的发展，铺装的生态性问题逐渐受到业内人士的重视（图 2-24）。传统的铺装材料已经逐渐被与自然相结合的各种现代材料取代（图 2-25），体现了铺装的生态性与亲和性。例如木栈道、草绳钩边、新型木质铺装、生态型植草砖铺装等。采取生态性的铺装还能调节地面温度，有效地缓解"热岛效应"。

在现代城市生活中，人们自发性的步行活动以及大部分社会性步行活动都特别依赖于步行空间的环境质量（图 2-26）。环境质量影响步行活动的时间。当环境质量差时，步行活动就会减少；当环境质量好时，步行活动就会增加，不但步行者数量会成倍增加，而且步行时间也会延长，步行活动的内容也更加丰富（图 2-27）。环境优美的步行空间使步行者感到神清气爽、心旷神怡，很快消除工作中的疲劳，忘却烦恼，恢复愉快的心情，激发人们的

图 2-24　荷兰植物园

图 2-25　北京老城区改造

城市热岛效应

"热岛"是由于人们改变城市地表而引起小气候变化的综合现象，是城市气候最明显的特征之一。由于城市化的速度加快，城市建筑群、柏油路和水泥路面比郊区的土壤、植被吸热快而热容量小，使得同一时间城区气温普遍高于周围的郊区气温，高温的城区处于低温的郊区包围之中，如同汪洋大海中的岛屿，人们把这种现象称为城市热岛效应。

生活热情（图2-28、图2-29）。

当驾驶人员在环境优美的道路上行驶时，道路线形在视觉上形成连续性，路线与沿线的地形、地质、古迹、名胜、建筑物、绿地、水面相协调，中央分隔带的绿化、交通标志、照明设施完善，这些都会使驾驶员心情愉快，缓解驾驶疲劳，从而减少交通事故的发生（图2-30、图2-31）。

图 2-26　园区台阶

图 2-28　景区滨河道

图 2-27　园区道路

图 2-29　广场步行道

图 2-30　九江道路

图 2-31　高速公路

小贴士

影响步行道路安全性能的因素

决定步行道路安全性能的主要因素分别是机动车交通量、障碍物、道路连续性、绿化率和步道铺装损坏程度等。其中，机动车交通量是影响步道通行使用率很重要的一个条件，在很大程度上决定了步行者的选择。步道设计不合理会影响步行的连续性，以至于步行者宁愿牺牲安全性而追求步行时的舒适性。将行道树、路灯和垃圾箱等设施设置在步道中间，使人们不能顺利横穿步行道路。

第四节
案 例 分 析

一、德国铺装的故事

路人在德国的大街小巷款款而行，享受着慢节奏的生活，感受着文化的气息。设计师巧妙地利用铺装使行人放慢脚步，使人的心情得到舒缓与放松（图 2-32）。

1. 德国铺装整体特点

德国的铺装注重自然，软质铺装与硬质铺装之间的衔接恰到好处（图 2-33）。

2. 多角度解读德国铺装

在德国，铺装的形式多种多样，每个角落都会留下设计师精心设计的作品，通过对德国铺装设计的解读，我们能更好地利用铺装实现不同的设计目标。

（1）铺装与美观。将不同质感、不同色彩、不同纹样、不同形状的铺装材料进行有组织的设计，对空间起到装饰作用，给人最直观的视觉感受（图 2-34）。

（2）铺装与功能。将地面铺装与空间信息相结合，通过不同的颜色、材料以及形式给人带来视觉上的冲击，使其能够给

图 2-32　慕尼黑奥林匹克公园

图 2-34　德国街区

图 2-33　慕尼黑街道

图 2-35　德国街头

行人提供空间指示性信息，这是铺装的导向性功能。如慕尼黑老城区在建筑入口区域采用色泽艳丽的曲线纹样引导人们进入内部空间。德国拥有完善的人行道、自行车道等绿色廊道系统，自行车道与车行道之间、自行车道与步行道之间通过铺装的变化来界定，这样加强了空间的识别性，对人们的行为起到约束作用，引导人们"各行其道"（图 2-35）。

（3）铺装与生态。考虑到德国多雨的气候特点，在铺装设计上德国大面积采用经久耐用的透水性土石铺装，使降落到地表的雨水更好地渗入地下，补充地下水，既避免了大量雨水以径流的形式流失，也有效减缓了城市雨洪排水压力（图 2-36）。

德国在进行铺装设计时主要的特点是最大限度地利用铺装使雨水下渗。城市车行道旁的停车位采用嵌草的块石铺装，亦或采用砂砾铺路的形式使路面的地表径流能够顺势流入一侧的渗水性区域。街道排水的设计结合地面坡度，采用透水性石材铺装，线性引导水流，以增加雨水入渗、减缓地表径流。此外，人行道边缘区域的铺装也采取同样的方法（图 2-37）。

德国关于私人用地排水方面的法律十分严格，私人住宅区域的雨水不得排放到公共用地区域，必须采取雨水就地渗透的措施，这样就形成了在私人住宅屋檐下的碎石铺地景观，这种铺装有效地解决了雨水下渗的问题。

（4）铺装与文化。铺装作为一种景观，

图 2-36　透水性土石铺装

图 2-38　街边小店

图 2-37　步行街铺装

图 2-39　德国电车

也是文化传递的一种形式。弗莱堡老城区的很多店铺门口采用各种颜色和形状的石子拼贴成与店铺相关的图案，作为一种信息符号，集趣味性与引导性于一体 (图2-38)。

　　(5) 铺装与人性化。在铺装设计上，德国将人的需求放在首要位置，充分体现了人性化的设计理念。德国慢行交通系统的发达还体现在丰富的轨道交通上，而城市地面有轨交通也带来了噪声污染。在慕尼黑和弗莱堡穿梭于城市街道的有轨电车下铺有草坪，在降低噪声的同时，也打破了硬质铺装的均质性 (图 2-39)。

二、南昌旧城改造项目

　　南昌作为重要的飞机制造产业基地，创造了无数翱翔天空的飞行器械。南昌旧城改造项目作为老城区城市更新计划的起点，保留了场地的重要工业与自然遗迹，透过设计的手法，将旧厂房变身为未来小区的文创中心，让历史建筑重生，让飞翔的记忆延续 (图 2-40、图 2-41)。

　　前广场的设计强化了飞机工厂的意象，利用折纸飞机的"折"的手法，创造出似乎可以沿着虚线翻折的特色广场 (图2-42)。"折"的概念也延伸至座椅的设计，结合人体工学及视线理论，设计出可以仰望天空、或坐或躺的雕塑长椅。此外，广场上的喷泉也模拟飞机飞翔时喷射出的烟雾形成特色喷泉，创造充满互动性与速度的活跃氛围 (图 2-43)。

图 2-40　公园平面

图 2-42　折线广场

图 2-41　儿童乐园

图 2-43　模拟烟雾的喷泉

旧城改造是对过去的纪念与传承，以飞翔的历史作为启发，环绕整个园区的"林之道"进一步结合保留的工业廊架，向上爬升成为园区的另一亮点"天之桥"，提供俯瞰园区的最佳眺望平台。而园区的中心则是为场地特别量身打造的"云之谷"（图

2-44）。"云之谷"利用高低起伏的地形和模仿云朵的水雾，成为每个孩子最喜爱嬉戏玩耍的游戏场（图 2-45）。

同时，为了保护生态环境，人们在旧城改造时保留了原有的林区（图 2-46），并在林区建立了林间小路（图 2-47）。

图 2-44　云之谷

图 2-45　孩子嬉戏玩耍

图 2-46 工人们维修的道路

图 2-47 漂亮的林间小路

三、纽约高线公园二期

纽约高线公园是由一条废弃高架铁路改造的城市公共空间。该公园从甘斯沃尔特大街延伸至西30街，目前长度为1英里（图2-48）。公园将各街区联系起来，为城市绿化树立了新的标杆。它创造了审视城市的新视角，是创新设计和可持续设计的代表性图标，对其他城市的景观设计具有启示性意义。

纽约高线公园位于曼哈顿西侧，跨越23个街区，其中与肉类加工区、西切尔西区及克林顿区三个重要区域相连。高线公园原是建于20世纪30年代的空中货运铁道线。该轨道曾是西部开发项目的一部分，由于铁路轨道远离地面街道，有效地保障了路面交通安全。20世纪80年代，弃用的高架铁路变成了城市的不和谐音符，面临着被拆毁的命运。当时，机会主义景观概念开始兴起，这让一小部分纽约人催生了将废弃铁道改建成公园的想法。1999年，"高线之友"组织成立，该组织致力于挽救高线，提倡将高线转变为公

图 2-48 高线公园卫星平面图

共公园。现在高线公园的设想已经变为现实，公园归纽约政府所有，由"高线之友"负责维护和运营。高线公园一期工程从甘斯沃尔特街跨越至20街（共九个街区），已于2009年6月向公众开放。2011年6月对外开放的二期工程从20街延伸至30街（共十个街区），其宽度增加了一倍，达到1m。一期工程出人意料的受欢迎程度为二期工程带来了巨大的挑战。新工程必须满足公众的高期待，并在已有模式和成就的基础上创造出新的刺激点。二期项目从北部西切尔西区的20街跨越到位于30街的西侧火车调度场的起始位置，与一期路段相比较，二期路段更为狭窄、笔直。道路两旁的仓库、住宅楼和新开发的项目混杂分布。该路段更具亲和感，布局更为紧凑，也更具隐秘性。置身其中会产生一种远离大城市、深入街区的感觉。

设计使用的工业材料，如混凝土、耐候钢、回收木材，反映了高线曾经的铁路线身份，并打造出废弃景观的荒凉感；选择的草类和多年生植物及其布局营造了动态的野生景观；铁轨和道岔等旧元素被重新置入；特殊地点、入口和十字路口的原结构被保留并显露出来。站在新公园内观察，上述几点构成了对该项目区域的全新诠释。高线的植被、装饰、路面、灯光和公共设施都属于同一综合系统，系统中的各个元素在有限的宽度和长度内发挥各自的功能，共同构成了令人神往的公园景观。路面采用创新科技，适合步行。单独混凝土板构成的路面中留有接缝；道路边缘特意设计成锥形；路旁的土地铺上了植被和轨道。这样雨水可以自由流入栽种植物的土壤层，从而减少灌溉需求。特制的长椅伸出路面，形成优雅的悬臂结构。二期工程中采用的材料和基本设计元素延续了一期工程的简洁特点，同时在此基础上带来了一些微妙的惊喜元素，如直接将铁轨嵌入路面系统、公园中仅设一处草坪等。

人们从切尔西草地的草原式景观向北行走会来到由开花灌木和小树构成的茂密植被区，这是高线公园二期工程的起始段，位于20街和22街中间（图2-49）。高线在29街开始形成一条向哈德逊河延伸的柔和的长弧线，成为公园与西侧铁路站场之间的过渡区域。道路沿线设有一排长长的木质长凳（图2-50）。

图2-49　茂密植被区

图2-50　木质长凳

二期沿线一系列特色鲜明的空间进一步强调了项目区域的独特性,如灌木丛、"阶梯式坐席"草坪、"林地立交桥"观景台、"野花种植区"、"径向长椅"和"缺口区域"。灌木丛区域位于20街和22街之间,密集的开花灌木和小树暗示着高线公园第二阶段的开端,成为通往西切尔西区住宅区的分界点和门户。位于22街的"阶梯式坐席"区可用于即兴表演、家庭野餐、室外聚餐、艺术课堂和日光浴等各类活动。位于23街、占地面积4900平方英尺的草坪高于街面,将人们往上"抬升"几英尺,并带来清晰的河流视野。在25街和26街之间的"林地立交桥"区域有一条高于高线路面8英尺的金属走道,植物在高架桥下方肆意生长,同时又将人们带入树冠深处。眺望台构成了主道的"枝丫"。26街的观景台提供了极佳的城市视野,同时让人回忆起曾经的广告牌。顽强的抗旱草和在不同季节开花的多年生植物主宰了位于26街至29街之间的"野花种植区"。始自29街的长长的柔和弧线伸向哈德逊河,道路边缘长达一个街区的"径向长椅"与之呼应。在二期工程的北

部终点处,路面缓缓升起,其下方的混凝土板被移除,暴露出原有的结构。一座观景平台悬空于该"缺口区域"之上,人们可以透过下方的结构看到30街流动的交通,带来超现实主义的体验。

高线公园北端的高架草坪将人们往上"抬升"几英尺,东部可以看到布鲁克林区,西部可以看到哈德逊河及新泽西州的景观(图2-51)。2009年成立的高线艺术组织呈现了一系列艺术元素,如展览、表演、影视、广告牌植入等。图片展示的是艺术装置"静物与风景"(图2-52)。

一条金属走道高于高线公园路面八英尺,地被植物如地毯般铺在下方起伏的地面上,同时参观者登上高高的走道,与漆树和玉兰树的树冠亲密接触(图2-53)。林地立交桥沿线各眺望点构成道路的枝丫,引人驻足停留,欣赏下方的绿色植物和远方的城市(图2-54)。

在简洁的直线步道沿线,野花在原铁路轨道的缝隙中肆意生长;人们可以享受伸向城市的绿色轴线的天然之美(图2-55)。该区域两侧多出的面积被用来打造紧凑的空间;用再生柚木制成的阶梯式

图2-51　高架草坪

图2-52　艺术装置

图 2-53 林地立交桥鸟瞰图

图 2-55 野花种植区

图 2-54 驻足观望的行人

图 2-56 台阶式坐席

坐席固定在 4900 平方英尺草坪的南端（图2-56）。

高线工程的核心是保护和再利用，同时作为政治、生态、历史、社会和经济可持续项目，具有十分重要的意义。政治上，高线是检验社区行动力的试金石；生态上，高线是位于城市中央的 6 英亩绿色屋顶；历史上，高线作为改造项目将废弃铁道变为新公共空间；社会性上，高线是地方社区也是世界级公园，家庭、游客和社区民众在此会面和交流；经济上，作为企业参与的项目，高线展示了公共空间促进税收、招商和刺激当地经济增长的能力。二期工程将半英里的基础设施区域改造成草地，降低了热岛效应并创造了意义非凡的生态环境。300 种精心挑选的植物在当地的环境条件下形成了特色的本土景观。绿色屋顶及开放的拼接路面增强了持水性、排水性和通风效果，减少了灌溉需求。此外还大量回收利用废弃木材、钢材和来自当地的混凝土骨料等。公园采用节能的 LED 照明系统；货摊上出售采摘自当地的食物；各类免费教育项目向社区民众开放。

作为复兴曼哈顿西部地区的重要一环，高线已经成为该区域的标志性特色，并成为刺激投资的有力催化剂。2005 年，该市对高线周围的区域进行了重新划分以更好地促进发展和保护原有的街区特点。重新分区措施和高线公园的成功帮助该区域成为纽约发展最快、最具活力的街区。在过去的十年中，其人口增长率超过

60%。自 2006 年起，高线周围新许可的建筑项目成倍增长，至少已经开启了 29 个重要发展项目（其中 19 个已经建成，其余 10 个正在建设当中）。这些项目带来了超过 20 亿美元的私人投资和 12000 个就业机会。惠特尼美国艺术博物馆位于市中心的新馆项目已经启动，该新馆将成为高线南端的重要文化据点。高线公园采用形象化的设计，并与当地的具体条件相结合，这种坚持本真的态度吸引了一批忠实的拥护者，并启发着其他城市的设计探索。

思考与练习

1. 简述景观的空间功能。

2. 空间功能有什么作用？

3. 简述景观的艺术功能。

4. 艺术功能有什么作用？

5. 分析景观空间功能与艺术功能的相互影响。

6. 铺装对环境的影响有哪些？

7. 如何看待一个好的铺装对人产生的影响。

8. 本章第四节关于德国铺装的故事案例对你有什么启示？

9. 运用空间功能和艺术功能的知识，结合实际，完成 1 篇不低于 5000 字的论文。

第三章

景观铺装的设计方法

学习难度：★★★★★

重点概念：原则、特性、要素、手法、趋向

章节导读

　　本章作为全书的重点，将从设计原则、设计特征、设计要素、设计手法、设计趋向这五个方面进行详细讲解。地面铺装在景观环境设计中相当重要，不管是新建的景观环境，还是改建的景观环境，铺装都面临与景观中的其他要素相匹配的问题（图 3-1）。

图 3-1　设计感铺装

第一节
设 计 原 则

人们一直在努力为自身创造一个"生存佳境"，艺术景观设计旨在提供生存场所的合理创意并适应环境，创造出一个既合乎自然发展规律，又具有较高品质的生存空间（图3-2）。回顾人类文明的发展史，可以看出人与环境之间关系的转变：适应自然环境—改造自然环境—人与自然环境和谐相处。如今从人们所生活的聚居环境中可以看出，景观艺术的发展从被动地改善到主动积极地创造，从单一的功能需求到复杂的功能需求，从低层次的物质需要到高品质的精神追求。

科学技术的进步给人类社会带来了前所未有的生产力，极大地方便了人们的生活，提高了人类生活的整体环境品质。城市化过程中兴建的大量建筑物和构筑物，尽管有积极的建设目的和动机，但是也打破了自然环境原有的平衡状态。这就需要在较高的层次上建立新的动态平衡，然而自然界的自我调节能力有限，并不能迅速地建立新的平衡机制，因此对城市的生态环境产生了一系列不良的影响。在景观铺装的设计和建设中，必须对人类予以人文的、理性的关注，不仅要关注人类社会自身的发展，同时也要重视自然环境和人文环境的发展规律，有意识地增进人与环境互动关系的良性循环，创造共生的景观环境（图3-3）。

一、功能性原则

功能性原则是所有实用性设计所遵循的一条基本原则。作为城市环境设施中的一类，景观铺装是为普通大众所使用的，实用性是它存在的前提。这种实用性不仅要求景观铺装的技术与工艺性能良好，而且还应体现出与使用者生理及心理特征相适应的程度。老年人动作迟缓，感觉能力下降，会选择安全和安静的道路（图3-4）；而儿童喜欢快走，没有危险意识，会毫无目的地乱跑（图3-5）。部分人有抄近路的心理，绿地中常常有被践踏出来的小路，因此，有必要在被践踏处进行铺装（图3-6）。景观铺装的安全性、舒适性、便利性等都是设计师在设计时需要解决的问题（图3-7）。

人的物质需求和精神需求是多方面

图3-2　高品质空间

图3-3　共生景观

图 3-4　小区步行道

图 3-5　小区跑道

的，不同的人、不同的行为需要不同的场所和氛围，即便是同样的功能要求也会因地域、文化、气候等的不同而产生差异。所有这些因素会对空间提出不同的要求，铺装设计都应该根据具体的功能需要提供相对应的形式，与其他要素共同塑造出理想的场所，从而保证景观铺装的合理性，确保行为的顺利发生，满足特定的需求。

二、以人为本的原则

以人为本的思想来源于欧洲文艺复兴时期的人本主义思潮 (图 3-8)。人本主义是中世纪欧洲以意大利为中心的文艺复兴时期的主要美学思想，也称人文主义。人本主义强调以人为主，突出人性化原则，将人类意识、人类能动性、人类知觉及人类创造性放在中心和主动的地位 (图 3-9)。

景观铺装的实用性不仅仅针对具体的使用者或具体的场地，同时也包含另一个层面上的意义，即景观铺装应该让所在的街道或城市更实用和更高效。

图 3-6　草坪上被踩出来的路

图 3-7　整修过的路面

图 3-8 古罗马广场

图 3-9 俾斯麦广场

在当代城市规划设计中以人为本的设计理念越来越突出：城市建设中留出空间，开辟花园草地，方便市民活动；植树种草，排除污染，让江河湖泊更清澈、空气更洁净（图 3-10）；投巨资进行道路建设，让道路畅通，交通无阻，使市民出行更加便利；完善城市功能，提供多方面的优质服务，让市民生活更舒适等。

城市景观铺装设计的目的是创造优美的环境，营造宜人的城市空间（图 3-11）。而城市空间的服务对象是人，因此，设计中必须研究城市空间中人对环境的使用模式，了解多数人的行为和心理以及他们对空间的反应与评价，强调人在城市中的主人翁地位。由于人们的习惯、行为、

性格、爱好等对选择铺装具有一定的指导作用，因此在城市景观铺装设计中要充分考虑人们的不同要求，这样才能为不同的人群提供最佳的服务。

良好的景观铺装设计应处处为人着想，体现对人的关怀，满足使用者的需求（图 3-12）。现代城市空间的建筑规模和尺度日趋庞大，大规模空间应当变得更加亲切，以满足人的要求。铺装尺度应符合人的比例尺度，让人在其中感到舒适、亲切（图 3-13）。景观铺装应充分利用地形，结合绿化、水体、各类小品等，在城市中创造出自然美，增加空间的场所感，给人以亲切、自然的感受，这样才能真正体现景观铺装的环境艺术功能——为人营造舒

图 3-10 城市花园

图 3-11 休闲公园

图 3-12　樱花小路

图 3-13　转角公园

适、优美的空间环境。

三、尊重、继承和保护历史的原则

　　城市是人类社会发展的产物，也是一种历史文化现象。城市中的历史街区、传统的建筑群往往会给人们留下深刻的印象，也为城市形成独特的个性奠定了基础（图 3-14）。这些具有历史意义的场所凝聚着城市的悠久历史和灿烂文化，蕴藏着独具一格的传统风貌和民族地方特色，带给人们强烈的震撼力和感召力，增强人们的爱国热情和民族自豪感，容易引起共鸣，产生文化认同感（图 3-15）。

　　欧美国家经历过现代建筑运动洗礼，如今在城市建设中十分重视尊重、继承和保护历史（图 3-16）。由于城市历史文化保护运动的影响，表现城市的文脉关系已成为一种时尚，并反映到现代城市空间环境的设计中。运用历史建筑符号表现城市历史延续的手法成为流行的设计技巧（图 3-17）。在城市的景观铺装设计中，即使已经开发了大量的铺装材料，但在新建的步行街和广场中还是多采用传统的石质铺装，目的是与周围建筑的氛围相协调，使街道与古老的城市融为一体，向世人展示一幅完美的历史画卷（图 3-18）。这种手法也传入了日本，但与欧洲铺装整齐划一的自然风格不同的是，日本街路的铺装更加强调"景"，因此在自然风格的石质铺装中还使用了一些模式和图案（图

图 3-14　罗马街景

图 3-15　天安门广场

图 3-16　因斯布鲁克街头

图 3-18　威尼斯街景

图 3-17　游人小憩

图 3-19　日本庭院

3-19)。石质铺装反映历史文化的特征，引起人们的联想和思考，而精心设计的模式和图案则展现了现代风貌，给人们留下深刻的印象。

　　与欧美国家相比，我国历史源远流长，文化博大精深，在人类的历史发展中

具有极其重要和深远的影响（图 3-20）。但是改革开放以后，我国城市建设速度加快，在与国际接轨的呼声下反映西方文化的欧式建筑一度成为时尚，我国的传统建筑群遭到破坏，一些历史街区的传统风貌荡然无存（图 3-21）。近年来，随着人们

图 3-20　四合院铺装

图 3-21　中国城市发展

生活水平的提高，人们对精神、文化方面的追求越来越高，也越来越意识到城市现代化，应当是指城市设施的高性能、环境的高质量、工作的高效率、生活的高品位以及深厚的历史文化内涵（图3-22）。优质的历史文化遗产是城市现代化的必要内容，也是构成城市特色的基础和重要组成部分（图3-23）。

我国城市景观铺装设计植根于蕴含深厚历史文化的土地上，尊重、继承和保护历史是设计中必须遵循的一项重要原则。尤其是历史文化名城和历史街区的景观铺装设计必须认真推敲，以保持整体风格的和谐（图3-24）。设计者应该认真研究城市的发展史，做大量的调查、研究和分析工作，对城市的历史演变、文化传统、居民心理、行为特征以及价值取向等做出分析，精心选择铺装材料、尺度、色彩、构形等，并合理运用图画、符号、文字、标题等现代手法，在铺装设计中融入时代风貌，使人们尽享传统文化的同时，又感受到现代都市生活的气息（图3-25）。

四、可持续发展原则

可持续发展战略是我国现代化建设的重大战略，而城市景观铺装建设与经济、社会、资源、生态环境等密不可分，因此以可持续发展作为设计原则是其发展的生命法则。在铺装景观设计中要保证做到：第一，考虑各类人群的不同需要，营造优雅、宜人的城市空间，满足可持续发展"以提高人的生活质量为最高目

图3-22　海口街头

图3-24　鼓浪屿

图3-23　三坊七巷

图3-25　云水谣

图 3-26　广州绿色交通

图 3-27　生态城市建设

54

标"的要求；第二，铺装设计与绿化、水景、小品结合，努力恢复和创造城市中的生态环境，崇尚自然，人与自然高度融合，满足可持续发展"保护生态环境"的要求；第三，以不损害、不掠夺后代的发展为前提，合理利用资源，研制耐久性好、装饰性能强且施工方便的新型材料，创造出经久耐用、赏心悦目的景观铺装，满足可持续发展"让子孙后代享有充分资源和良好环境"的要求。只有这样，景观铺装才能与城市发展相辅相成（图 3-26、图 3-27）。

五、协调性原则

铺装景观设计不是简单的平面设计，而是在立体的城市环境中研究平面构成的

问题。因此，在设计中必须考虑景观铺装与周围环境的协调性。

六、满足视觉特性的原则

现代街路景观是一种动态的系统，而街路环境美学是一种动态的视觉艺术，动是它的特点，也正是它的魅力所在（图 3-28）。城市中常见的交通方式主要有三种：一是步行；二是骑自行车；三是乘机动车。交通方式不同，人们对街路景观的视觉感受也是不同的（图 3-29）。因此，需要从运动角度对人们的视觉特性加以分析和研究，以便在景观铺装设计中能充分考虑到视觉特性所带来的影响，满足人们的不同要求。

在景观铺装设计中，我们要根据街路

图 3-28　法国街头夜景

图 3-29　步行视线

图 3-30　英国街头

图 3-31　推进视

空间性质选择一种人群的视觉特性作为设计依据（图 3-30）。例如，广场、步行街、一些生活性街道主要以步行交通为主，铺装设计应该满足步行者的视觉要求。一般来讲，步行者观赏铺装的视点可分为"远景视"和"推进视"，远景视即步行者站在地势较高处俯瞰街景中的铺装，推进视是指步行者行走在道路、广场上的时候观看脚下的铺装（图 3-31、图 3-32）。因此，在铺装设计中不但要注意"远景视"的整体性，还要研究"推进视"的细部创意，这往往是最能营造情趣、引人注目的地方（图 3-33）。

图 3-32　远景视

在自行车大量通行的路段，铺装设计要注意骑车人的视觉特点，不应采用过于复杂的色彩和图案，以免分散骑车人的注意力，酿成事故（图 3-34）。交通干道、快速路主要通行机动车，铺装设计要充分考虑到车速对驾驶人员和乘客视觉的影响，应该采用大尺度的设计，且强化边界效果，以便车上的人能够看清楚并留下深刻印象（图 3-35）。

图 3-33　伦敦道路装饰

七、个性原则

创造具有个性特色的景观铺装来展现

图 3-34　骑者视角

图 3-35　行车视角

图 3-37　日本地面特色

图 3-36　广州商业区

城市魅力是个非常好的办法。我们可以通过精心选择铺装材料的色彩与质感，采用独具匠心的创意，利用新技术、新工艺、新的艺术手法，来营造极富个性魅力的特色空间，更好地反映城市特有的历史文化传统，表现城市的文化底蕴（图 3-36）。

在这方面，日本的一些成功经验值得我们学习和借鉴，如采用传统的石质铺装材料、传统的花纹图案、特色水果和花卉颜色等地域特色浓郁的元素，引入传统工艺品的设计内容，将地域特色要素（包括历史事项、祭礼、以当地为场景的歌词意境内容、特色建筑、自然景观和动植物等）以绘画的形式表现在单体铺装的彩绘砖和浮雕上（图 3-37）。

第二节
设 计 特 性

在城市景观铺装设计方面，许多学者从不同角度提出过相关的设计理论：英国城市规划师戈登·卡伦提出的城市景观序列理论；奥地利建筑师、城市规划师卡米洛·西特提出的城市有机秩序理论；美国城市设计师凯文·林奇提出的城市形象理论等。

从理论上讲，景观铺装有如下特性。

(1) 成图性。成图性是指地面铺装的图案特性。铺装的图案特性是创造良好城市景观的基础，也是潜在的艺术形象（图 3-38）。

(2) 时空性。城市空间的时空性往往是通过铺装的时空性来实现的。铺装的时空性为人们提供良好的视觉转换、视觉引导和视觉聚焦等，使城市空间形成连续不断的序列画面（图 3-39）。

(3) 趣味性。景观铺装为人们提供了运动的路线和停留的焦点，并通过点、线、面的有机组合形成多姿多彩的变化，有时赋予空间以某种寓意或神奇的色彩，使空

小贴士

西特曾提及："一个良好原则就是各种设施应从属于它所在的空间的性质。"在设计景观铺装时，必须考虑到铺装与空间的统一性。

图 3-38　成图性

图 3-39　时空性

间饶有兴趣、耐人寻味（图 3-40）。

从实践来说，景观铺装还具有以下作用。

（1）保护地面的作用。铺装材料最基本的功能是保护地面不直接受到破坏，能阻止土地受到侵蚀，能承受车辆的碾压，

能在一年四季中的任何条件下发挥作用（图 3-41）。铺装材料要求相对稳定，不易变化，可以高频率地使用，而且不需要太多的维护（图 3-42）。

（2）统一作用。在城市环境中，铺装地面统一、协调设计的作用最为突出，它

图 3-40　趣味性

图 3-41　沥青路面

图 3-42　水泥路面

能将复杂的建筑群和相关联的室外空间从视觉上统一起来 (图 3-43)。当建筑物的色彩和地面铺装的颜色相同或相近时,给人以整体统一的视觉效果。景观铺装能够统一并连接各因素,当单独的元素缺少联系时,独特的铺装能够起到统一的作用(图 3-44)。

(3) 提供休息的场所。在城市环境中,广场、公园铺装随处可见,其面积相对较大,并且无方向性,它本身暗示着一种静态停滞感,常用于道路的停滞点和休息地或用于景观中的交汇中心 (图 3-45)。如果设计合理,将成为人们停留、交谈的活动场所。广场、公园铺装设计一定要把形式和功能有机地结合起来,不能只考虑形式、构图而忽略人性化的一面。

(4) 导向作用。地面被铺成带状或某种线形时,便能指明前行的方向。草坪上带状的铺装将指示人们在两点之间如何行走,向哪边走。在设计中应能预见有可能抄近道的路段并采取相应的措施,避免人们穿越草坪,这样行走路线被铺成带状时才能发挥作用。较好的办法是在路的交叉口处拓宽铺装面或进行种植隔离。在硬质的城市环境中,特定的铺装地面会引导行人穿越一个个空间序列,当踏上另一种不同材料的铺地时,行人会立刻感到进入了一个新的空间 (图 3-46)。

(5) 表示地面的用途和影响行走的速度。铺装材料在不同空间中的变化,还可表示不同的地面用途。卵石路面和木质铺装路面表明是人行走或休息的地方,而水

图 3-43　围墙与地面铺装形状一致

图 3-44　建筑与地面的材质、颜色一致

58

泥铺装路面和花岗石铺装路面则表示车行道（图3-47）。铺装形式和材质的不同还能影响行走的速度和节奏。铺装路面越宽，运动的速度也就越慢。当铺装路面较窄时，行人便会急促而快速地行走。在设置汀步石时，条石的间距设计成时宽时窄，使行人的步伐时快时慢，形成张弛有度的节奏（图3-48）。

图 3-45　公园休息区

图 3-47　铺装区分人行道与车行道

图 3-46　不同材质的铺装

图 3-48　汀步石

树木的投光照明设计

小贴士

1. 投光灯一般放置在地面上，根据树木的种类和外观确定其排列方式。有时为了突出树木的造型、便于人们观察欣赏，也可以将灯具安置在地下。

2. 如果想照射树木上的一个较高的位置，可以在树旁放置一根高度等于第一根树杈的小灯杆或金属杆来安装灯具。

3. 在落叶树的主要树枝上，安装一串串低功率的白炽灯泡，可以获得装饰的效果。但这种安装方式一般在冬季使用。因为在夏季，树叶碰到灯泡会被烫伤，对树木不利，也影响照明的效果。

4. 对必须安装在树上的投光灯，其系在树杈上的安装环必须能按照植物的生长规律进行调节。

第三节
设计要素与手法

　　城市景观铺装设计必然要满足人们的使用和精神方面的需求，所以景观铺装自然具有实用性和艺术性的双重属性（图3-49）。铺装作为一种景观，它的精神性与艺术性就更加突出。本节将对景观铺装的设计要素，如色彩、质感、构形、纹样、尺度、高差以及边界等进行系统研究，以便设计者在遵循设计原则的前提下，合理运用各种设计要素进行精心设计，更好地实现景观铺装的各项功能，尤其是恰到好处地体现其精神性与艺术性，满足人们对

空间环境美的深层次要求（图3-50）。

一、色彩

　　长期研究表明，色彩对人的精神系统有很强的刺激作用，对人的性格、情绪、心理健康都会有影响（图3-51）。在景观设计中，色彩是最易创造并影响气氛的因素，恰当的色彩处理会给人们带来无限的欢乐。阿拉伯地区总是喜欢将建筑的顶端涂成蓝色或绿色，这是色彩理论应用的成功范例，因为蓝色和绿色代表生命，象征着海洋和森林，它满足了沙漠地区的人们对海洋和森林的渴望（图3-52）。

　　在景观铺装设计中，色彩毫无疑问是最重要的设计要素之一。合理利用色彩

图3-49　园林台阶铺装

图3-51　彩色空间

图3-50　景区休憩空间

图3-52　阿拉伯地区的蓝色屋顶

给人的心理效应，如色彩的感觉、色彩的表情、色彩的联想与象征等，可以设计出别具一格的景观铺装。单调的灰色地面使人觉得无趣，但通过色彩的合理运用能够让它充满生机和情趣（图3-53）。精心设计的地面与楼宇、花园一起营造优美的城市空间，让人们的生活变得丰富多彩（图3-54）。

1. 色彩的感觉

色彩给人的感觉有大小感、进退感、轻重感、冷暖感、软硬感等。色彩的大小感，换言之，色的明度高者，视之似大；明度低者，视之似小。

红、橙、黄暖色系是前进色，有凸出感，蓝、绿冷色系是后退色，有凹进感。在交通标志和信号灯的设计上，常常要利用这种效应提高交通标志和信号系统的辨识力。

生活中，我们凭借视觉经验认为白色的棉花是轻的，而黑色的煤、铁是重的，这样就形成了对色彩轻重之感的认识。这种感觉实际上是物体色彩与视觉经验所形成的重量感作用于人的心理结果。红色使人感到温暖，蓝色使人感到寒冷。无彩色中，白色使人感到寒冷，黑色使人感到温暖。所以，夏天人们总是喜欢穿白色或浅色衣服；冬天人们总是穿深黑色衣服。这不仅是热工问题，也是心理效应。色彩的软、硬感与色彩的明度、纯度相关。明度高、纯度低的色彩使人感到柔软；明度低、纯度高的色彩使人感到坚硬。

兴奋、沉静也可表现积极与消极。由于红、橙、黄暖色系能给人以兴奋感，故称为兴奋色；而蓝、绿冷色系能给人以沉静感，故称为沉静色。对于华丽朴素感，从纯度方面讲，纯度高的色彩给人华丽的感觉，纯度低的色彩给人朴素的感觉（图3-55）；从色相方面讲，暖色给人华丽的感觉，冷色给人朴素的感觉；从明度方面讲，明度高的色彩给人华丽的感觉，而明度低的色彩给人朴素的感觉（图3-56）。

通过以上对色彩感觉的了解，我们可以认识到：在景观铺装的色彩设计中，兴奋色铺装能够营造喧闹、热烈的气氛；沉静色铺装给人优雅、娴静之感；浅色调铺装轻松活泼；深色调铺装庄严肃穆；寒冷地区铺装可多用红色系，给人以温暖感；炎热地区铺装多用蓝色系，给人以清爽感；

图3-53 灰色路面装饰

图3-54 社区铺装

图 3-55　华丽的广场铺装

图 3-56　朴素的路面铺装

运动场地的铺装要选用纯度低的色彩，以给人柔软、舒适、安全的感觉等。

2. 色彩的联想与象征

联想和象征是色彩心理效应中最为显著的特点，我们可以利用这一特点来实现景观铺装的功能。例如：在转弯处、分流处、合流处、人行横道、收费站等特殊场所，采用红色的地面铺装警示司机和行人，可以获得良好的安全效果（图 3-57）；在北方寒冷地区，橙色的地面铺装可以使人们在寒冷的冬季感到一丝暖意；黄色的地面铺装最能吸引人们的视线（图 3-58）。

城市中黄色、绿色的地面铺装会给人一种自然的清新感，使人联想到春、竹、嫩草等，使市民在心理上产生宁静和园林感（图 3-59）。在一些城市中，宽阔的草地广场不多，绿色和黄色的地面铺装会起到意想不到的另一种效果（图 3-60）。

白色给人明亮、快乐、纯洁的感受，但若在铺装中大面积使用，会造成一种眩晕感，给人的心理上带来一种强烈的冲击。黑色在视觉上是一种消极的色彩，给人稳定、深沉、严肃、坚实的感觉。我们认为大面积的白色水泥路面和黑色沥青路面单调乏味，为了创造优美的城市空间环境，景观铺装可以使道路彩化，更具吸引力（图 3-61）。但这并不意味着景观铺装的色彩设计会排除白色与黑色，其实白色和黑色与其他色彩合理搭配会产生极富魅力的设计效果。灰色的路面铺装的表现力相对较差，不容易引人注目，但可以有效突出主体建筑的效果，强调广场设计的主题（图

图 3-57　人行横道

图 3-58　双黄实线

3-62)。

总而言之，色彩是一门复杂的艺术，因此在景观铺装设计中，除了要深入了解色彩的个性、情感视觉规律以及对人的心理作用等，还要注意色彩之间的搭配，根据铺装的性质、功能，所处地区的气候条件、自然环境，周围建筑环境以及建筑材料特点等进行整体设计，这样才能获得令人赏心悦目的景观铺装作品（图3-63）。

二、质感

所谓质感，是由于感触到素材的结构而产生的材质感。质感是景观中的另一个活跃因素，不同的质感可以营造不同的气氛，给人以不同的感受。侵华日军南京大屠杀遇难同胞纪念馆就是利用质感有效烘托环境气氛的例子。侵华日军南京大屠杀遇难同胞纪念馆的构思是以生与死为主题的，在墓地的地面设计中，设计者在设计方案中曾设想过用红土或乱石碴作铺装，但效果都不理想，最后决定采用铺4 cm大小的鹅卵石（图3-64）。鹅卵石地面成为整个墓地的基调，给人一种干枯、毫无生气的感受，强烈的死亡气氛因此得到充分的渲染。而沿边的常青树和石砌小径，则使人感到生机和活力。整个墓地大面积毫无生气的鹅卵石与展现生命力的植物互相映衬，紧紧地扣住了"生"与"死"的主题（图3-65）。

可见，铺装材料的表面质感具有强烈的心理诱发作用。质地细密光滑的材料给人以优美雅致、富丽堂皇之感，但同时也常有冷漠傲然的感觉；质感粗糙、酥松、无光泽的材料给人以粗犷豪放、朴实亲切

图 3-59　停车场绿色铺装

图 3-60　写字楼前黄色铺装

图 3-61　蓝色路面

图 3-62　人民大会堂

法国色彩学家
让·菲利普·朗
科罗在对色彩
地理学的研究
中指出，地域
与色彩是有一
定的联系的，
不同的地域有
各自不同的色
彩爱好与倾向，
也造就了不同
的色彩表现。

图 3-63　七星关区城市建设

图 3-64　侵华日军南京大屠杀遇难同胞纪念馆墓地

图 3-65　远处绿树与近处鹅卵石铺装对比

之感，但同时也常有草率野蛮的感觉。此外，表面光泽、质地细密坚硬的材料给人重的感觉，而表面质感较软柔的材料则给人轻的感觉。因此在景观铺装设计中，商业广场、步行商业街的铺装应突出其优雅华贵，可采用质地细密光滑的材料，但这些场所人流密集，要注意防滑问题（图3-66）；休闲娱乐广场、居住区道路的铺装应突出其亲切宜人，可采用质感粗糙的材料（图3-67）；运动场地的铺装可采用质感柔软的材料，给人舒适、安全之感（图3-68）；风景园林区道路的铺装可采用具有自然质感的材料，如天然石材、卵石、木砌块等，以体现整体环境的和谐统一（图3-69）。

在多数情况下，天然材料都需要经过适当的人工处理。质感的表现必须尽量发挥材料本身固有的美，例如花岗岩的粗犷、鹅卵石的圆润、青石板的大方等。景观铺装的质感与环境和距离有密切的关系。铺装的好坏，不只看材料的好坏，同时也取决于它是否与环境相协调。为表现材料的质感，设计师不仅应考虑材料的特性，运用对比的手法相互映衬，还要配合光线、色彩、造型等其他视觉条件。不同质感的调和要考虑同一调和、相似调和及对比调

图 3-66　商业街铺装

图 3-68　运动场地铺装

图 3-67　居住区铺装

图 3-69　园林铺装

和。如地面上用地被植物、石子、砂子、混凝土铺装时，使用同一材料铺装比使用多种材料容易达到整洁和统一，在质感上也容易调和（图 3-70）。而混凝土与碎大理石、鹅卵石等组成大块整齐的地纹，由于质感纹样的相似统一，易形成调和的美感（图 3-71）。

选用质感对比的方法进行铺装设计，也是提高质感美的有效方法。例如：在草坪中点缀步石，石的坚硬、厚重的质感和草坪柔软、有光泽的质感形成强烈的对比（图 3-72）。因此在铺装时，应该强调同质性和互补性。小面积的铺装，必须在同质性上达到统一。如同质性强，则过于单

图 3-70　整洁、统一的道路

图 3-71　混凝土与碎大理石组成的地纹

图 3-72　质感对比

图 3-73　不同材质路面

图 3-74　突出中心的铺装

图 3-75　韵律性的铺装

调，在重点处可用有中间性效果的素材。在两种或两种以上的材料交接、过渡处，材料的组合十分重要，否则变化生硬，会割裂空间的整体感和融合感。质感的过渡要缓和而自然，比如草坪和石材道路的过渡，可以采取设置中间材质的金属格栅来过渡，这样既可以保护草坪，也可以提示行人两种地面材质的变化。同样，在自行车道与步行道之间的过渡也是需要特别设计的。最普遍的做法是在两者的交接处设置高差的变化，但是和机动车不同，自行车的速度相对较慢，可以将自行车道同步行道设置在同一平面上，只需要将二者的材质区分开即可（图 3-73）。

追求一种材料或几种材料肌理的细微变化，在室内外环境的细部设计中是必不可少的手段。它不仅可以使统一、和谐的形式富于变化，充满情趣，更可以通过肌理上的对比与反差，与环境中其他要素形成对比，形成视觉上的冲击力，从而成为空间中的中心或重点（图 3-74）。肌理的规律性变化还能赋予形式以韵律感和节奏感，给人不同的心理感受，丰富环境空间的气氛（图 3-75）。

三、构形

1. 构形的基本要素

(1) 点。一般认为点在构形中是只有位置而没有大小的视觉单位，它既没有长度，也没有宽度。点与它所处的空间相比较而存在，其大小超越这个视觉范围，就失去了点的性质，就会形成面或体了（图 3-76）。

在人行道的铺装构形中，常采用序列

每种材料都有自己的语言

小贴士

丹麦设计师卡雷·克林特 (Karee Klimt) 指出："用正确的方法去处理正确的材料，才能以率真和美的方式去解决人类的需要。"因此，掌握各种材料的特性、加工技术，以及充分发挥它的性能，并结合具体环境具体运用，是创造有特色的、充满情趣的环境艺术的捷径。每种材料都有各自适合的艺术语言和表现形式，不要试图让新的技术材料来模仿旧的艺术形式，迁就原有的审美习惯，因循守旧，创造、革新才是健康的发展方向。

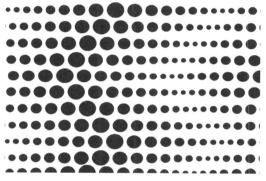

图 3-76　点的构成

图 3-77　庭院铺装

的点给人以方向感。在园路的铺装处理中，点的排列打破了路面的单调感，充满动感与情趣 (图 3-77)。

(2) 线。线是点移动的轨迹，并且是一切面与面的边缘的交界。线与点一样广泛存在于自然形态之中，被人感知并应用。线的种类可分为直线和曲线。一般来讲，直线具有静态的心理特征，而曲线则表示动感。线在设计中发挥着重要的作用 (图 3-78)。

线比点具有更强的感情性格。直线的性格挺直、单纯，是男性的象征，表现出简单、明了、直率的特点，具有一种力量美感。其中，粗直线坚强、有力、厚重、粗壮，而细直线却显得轻松、秀气和敏锐。折线具有节奏感、动感、活泼、焦虑、不安等心理。从线的方向来说，不同方向的线会反映出不同的感情性格，可以根据需要加以灵活运用。水平线能够显示出永久、和平、安全、静止的感觉。垂直线具有庄严、崇敬、庄重、高尚、权威等感情心理的特点。斜线是直线的一种形态，它介于垂直线和水平线之间，相对这两种直线而言，斜线有一种不安全，缺乏重心平衡的感觉，但它有飞跃、向上冲刺或前进的感觉。曲线与直线相比，则会产生丰满、优雅、柔软、欢快、律动、和谐等审美上的特点，它是女性美的象征。曲线又可以分为自由曲线和几何曲线。自由曲线是富有变化的一种形式，它主要表现于自然的伸展，并且圆润而有弹性，它追求自然的节奏、韵律性，较几何曲线更富有人情味。几何曲线，由于它的比例性、精确性、规整性和单纯中的和谐性，使其形态更有符合现代感的审美意味，在设计中加以组织，常会取得比较好的效果（图3-79）。

（3）面。几何学中定义面是线的移动轨迹或密集的点所形成的面（图3-80）。外轮廓线决定面的外形，可分为几何直线型、几何曲线型、自由曲线型、偶然型四种。

几何直线型具有简洁、明了、安定、信赖、井然有序之感，如四边形、三角形等。几何曲线型比直线更具柔性、理性、秩序感，具有明了、自由、易理解、高贵之感。自由曲线型是不具有几何秩序的曲线型，因此它比几何曲线型更加自由、富有个性，是女性的代表，可产生优雅、柔软之感。偶然型一般是设计者采用特殊技法所产生的面，和前几种相比较更自然、生动、富有人情味。不同曲线型的面组合形成的铺装将极具现代感，使人感到空间的流动与跳跃（图3-81）。但这需要设计者具有高度的创意设计能力，否则设计的作品不仅

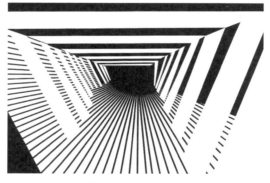

图 3-78　线的构成

图 3-80　面的构成

图 3-79　线性铺装

图 3-81　几何铺装

图 3-82 重复构成

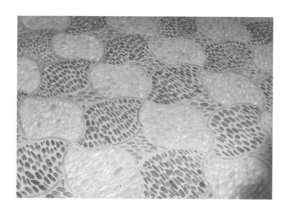

图 3-83 重复形式铺装

不能得到认可，也不能满足基本的使用要求。

2. 构形的基本形式

(1) 重复形式。构形中的同一要素连续、有规律地排列谓之重复，它的特征就是形象的连接 (图 3-82)。基本形和骨骼的重复是重复构形的基本条件。重复的基本形就是基本单位，重复的骨骼就是构形的骨骼空间划分的形状、大小相等。重复构成产生形象的秩序化、整齐化，画面统一，富有节奏美感。同时，由于重复的构形使形象反复出现，具有加强对比形象的记忆作用。例如，形状、大小相同的三角形反复出现的图案具有极强的指向作用，而形状、大小相同的四边形反复出现的图案会因有条理而给人安全感，深浅四种颜色相同的四边形方格图案则给人整齐感和韵律感 (图 3-83)。

(2) 渐变形式。渐变是基本形或骨骼逐渐地、有规律地顺序变动，它能给人富有节奏、韵律的自然美感，呈现出一种阶段性的调和秩序 (图 3-84)。一切构形要素都可以取得渐变的效果，如基本形的大小渐变、方向渐变、形状渐变、色彩渐变等。这些渐变均可以产生美的韵味 (图 3-85)。

(3) 发射形式。发射是特殊的重复和渐变，其基本形或骨骼线环绕一个共同

在构形中，为了增强人们的欣赏情趣，采用一种形象逐渐过渡到另一种形象的手法就是形状渐变。只要消除双方的个性，取其共性，形成一个中立的过渡区，取其渐变过程便可得到形状渐变。

图 3-84 渐变构成

图 3-85 渐变形式铺装

的中心构成发射状的图形 (图 3-86)。它的特点是：由中心向外扩张，由外向中心收缩，具有一种渐变的形式；视觉效果强烈、令人注目，具有强烈的指向作用。除了使用基本形外，还可以将多种形式结合应用，采用多种手法交错表现，以此丰富作品的表现力。发射构成的图形具有很强的视觉效果，形式感强，富有吸引力，因此在景观铺装设计中，尤其是广场的铺装设计中，常会采用这种形式的构图 (图 3-87)。

(4) 整体形式。在景观铺装设计中，尤其是广场的铺装设计，有时还会把整个广场作为一个整体来进行图案设计 (图 3-88)。在广场中，将铺装设计成一个大的整体图案，将取得较佳的艺术效果，并

易于统一广场的各要素，获得广场的空间感，表现广场的主题，充分体现其个性特点，成为城市中的一处亮丽景观，给人们留下深刻印象 (图 3-89)。

3. 构形的基本设计手法

(1) 轴。轴线是我国传统设计思想中最重要的设计手法，是构成对称的要素。从气势恢宏的故宫，到江南幽雅、恬静的农家小院，对称的景观随处可见 (图 3-90)。轴线贯穿于两点之间，围绕轴线布置的空间和形式可以是规则的，也可以是不规则的。有时候轴线是可见的，给人以明显的方向性和序列感；有时候轴线又是不可见的，它强烈地存在于人们的感觉中，使人能够领会和把握空间，增加空间的可读性 (图 3-91)。

图 3-86 发射构成

图 3-88 罗马市政广场

图 3-87 泉城广场

图 3-89 俄罗斯红场

图 3-90 阿斯塔纳建筑群

图 3-91 沈阳浑南新区

(2) 重心。重心一般泛指人对形态所产生的心理量感上的均衡。重心的位置和形态，通常决定了景观环境的主题。重心可以是平面的中心，也可以偏离中心设置，它通常是人们视线的焦点和心理的支撑点（图 3-92）。重心在铺装构形设计中同轴线一样得到广泛的应用，尤其是小面积的地面铺装多采用重心的构图设计手法来强调空间环境的主题，加深人们对景观环境的印象（图 3-93）。

4. 构形的个性化设计

运用隐喻、象征的手法来表现某种文化传统和乡土气息，引发人们视觉上和心理上的联想和回忆，使人们产生认同感和亲切感，这是铺装构形设计中创造个性特色常用

的手法（图 3-94）。我国这些年来在广场铺地中有一些比较成功的例子，如，西安钟鼓楼广场的地面设计注重把握历史文脉，绿地和铺装构图采用了方格网的形式，隐喻城市的棋盘路网格局，简洁大方，立意高巧。这个广场成为市民休闲、娱乐的场所和展示钟楼、鼓楼完整形象的舞台，是西安市城市规划、古城保护的杰作（图 3-95）。

在景观铺装的构形设计中还经常运用文字、符号、图案等焦点性创意进行细部设计，以突出空间的个性特色。日本的景观铺装就经常把彩绘地砖、金属浮雕、石浮雕、石料镶嵌图案、地砖镶嵌图案等嵌入铺装面中，或利用表面涂敷技术在铺装面中形成各种图案（图 3-96）。这些带有

图 3-92 道观庭院

图 3-93 街头小广场

图 3-94　巴勒莫耻辱广场

图 3-96　大阪彩绘地砖

72

图 3-95　西安钟鼓楼广场

图 3-97　日本金属地标

文字、符号、图案的焦点性铺装部分具有很强的装饰性和趣味性，有的充满地方色彩，有的表现文化内涵，有的具有指向、标示作用，也有的等间隔排列做路标使用（图 3-97）。它们可以吸引人们的目光，赋予空间环境文化内涵，增强环境的可读性与可观赏性，非常有助于树立街区的形象。北京中华世纪坛青铜甬道铺装更是充满创意的杰作，青铜甬道始自圣火广场，终至世纪坛坛体，总长 262m，宽 3m，上面从南向北镌刻了从 300 万年前人类出现到公元 2000 年的时间纪年，记载了科技、文化、教育等领域共 7000 多条重大事件，甬道上方还覆盖了 5mm 的涓涓细流，寓意着中华民族的历史源远流长（图 3-98）。

图 3-98　中华世纪坛青铜甬道

四、纹样

铺装中纹样的使用由来已久，纹样起到装饰路面的作用，而铺装的纹样因场所的不同又各有变化（图 3-99）。一些用砖铺成直线或平行线的路面，可增强地面设计的效果。但要谨慎使用，有些直线可以增强空间的方向感，而有些直线则会增强空间的开阔感（图 3-100）。

图案有自然形图案和几何形图案两种。自然形图案包括动物、植物、人物、自然景物等；几何形图案以几何形状如方形、圆形、三角形、菱形、多边形等为基本内容。图案中的纹样有单独纹样和连续纹样两大类。单独纹样有适合纹样、角纹样和边缘纹样三种。单独纹样根据组织结构又分为规则和不规则两种：直立式、辐射式、转换式、回旋式之类属于规则形的；平衡的结构是不规则形的。连续纹样主要有二方连续和四方连续两类：二方连续纹样的基本结构可分为散点式、折线式、直立式、斜行式、波状式、几何式等；四方连续纹样一般为散点纹样、连缀纹样、重叠纹样等。

中国传统砖石铺地图案，规则形的有席纹、人字纹、回纹、斗纹等，不规则形的有冰裂纹、乱石纹等。还有的铺地则是用特制的雕花砖铺砌的，含有一些吉祥寓意，例如民间常见的莲花纹等（图 3-101）。再有一种，则是整个地面采用特制雕花板材，雕刻的内容丰富多样，人物、花鸟甚至是完整的民间故事，极富中国特色，构成一道靓丽的文化景观（图 3-102）。中国

中国古典园林的铺装形式可以为我们提供一些借鉴，但是，由于有的图案过于复杂，施工比较困难，不符合快节奏的现代生活，因此只适用于某些风景园林或局部的铺装设计之中。

图 3-99 吉祥寓意纹样

图 3-101 莲花纹铺装

图 3-100 多种纹样组合

图 3-102 喜上眉梢

古代的铺装图案还经常采用隐喻、象征的手法。比如民间常用的"暗八仙"图案，即在图案中只出现八位仙人所持的器物，而不出现人物形象，人们经常会在铺装中看到这样的图案，这些都是古人对于未来生活的美好祝福。

五、尺度

所谓尺度，是空间或物体的大小与人体大小的相对关系，是设计中的一种度量方法。城市设计所提及的尺度可狭义地定义在人类可感知的范围内的尺度上。一般把这一尺度分为三类：一是人体尺度，是以人为度量单位并注重人的心理反应的尺度，是评价空间的基本标准；二是小尺度，很容易度量和体会，是可容少数人或团体活动的空间，如小公园、小绿地等，给人的感受通常是亲切、舒适、安全等（图3-103）；三是大尺度，是一种纪念性尺度，其尺度远远超出人对它的判断，如纪念性广场、大草坪等，给人的感受通常是雄伟、庄严、高贵等（图3-104）。尺度对人的感情、行为等都有巨大的影响。

对于一项具体的景观铺装设计工程，由于使用功能不同，设计思想不同，周围环境风格各异，其尺度的选择也各不相同。娱乐休闲广场、商业广场、儿童广场、园林、商业步行街、生活性街道等的铺装设计应该严格遵循以人为本的设计原则，采用人体尺度或小尺度，给人以亲切感、舒适感，吸引更多人驻足，进行观赏、娱乐、休憩、交往、购物等活动。当然，以人为本的原则并不是否定了大尺度，现代化城市中大尺度和小尺度应该是并存的，这样才符合社会发展的需要。原因如下：第一，大尺度的道路空间并不意味着人对城市空间拥有权的丧失，设计的前提是要保障足够的城市公共生活空间；第二，现代城市仍然存在一些政治色彩比较浓的场所，如市政广场、纪念广场等，采用大尺度的设计可以突出其庄严肃穆、宏伟壮观；第三，现代城市摩天大楼林立，在这些地点采用大尺度的处理手法，可以加强城市空间的开敞性，不会使人产生压迫感，同时突出时代特色；第四，城市中的空间尺度，大的更大，小的更小，大小并置，产生鲜明的对比，可以形成独特的魅力空间，更能吸引人们的注意。

丽江古城最大的节点是古城中心的四

图 3-103　小公园

图 3-104　广州起义烈士陵园

图 3-105　四方街

图 3-106　集市广场

方街，此外，新华街入口、白龙潭、万子桥头、大石桥头、关门口、忠义坊等都属于古城中的一些重要节点（图 3-105）。古城中的这些节点在平面形式上皆不求工整，没有刻意追求方形、圆形、轴线对称等形式，而是顺应自然，结合地形布置。这些地方空间尺度大小适宜，比较适合人们在此休息、交流，很有人情味，因而富有人气。四方街是一个多条街巷汇集的古城中心的集市广场，其平面是不规则的梯形，且有西河在一端穿过。广场东西长约70m，南北宽约20m，四周建筑皆为两层的铺面，空间平和，只是在广场西北角的科贡坊为三层，丰富了空间的轮廓。五花石铺地的广场上每天都摆有许多摊棚，交易活跃，人气很旺，既不拥挤，也不空旷（图3-106）。

路面砌块的大小、砌缝的设计、色彩和质感等都与场地的尺度有密切的关系。多数情况下，大场地的质感可以粗一些，纹样不宜过细；而小场地的质感不宜过粗，纹样也可以细一些。大体量的铺装材料铺设在面积小的区域里会显得比实际尺寸大，而在小区域里运用过多的装饰材料也会使该区域显得凌乱不堪。

六、高差

在景观铺装中，我们要注意对高差的处理，增加景观的层次性。景观中可以利用高差的变化对环境空间进行分割，避免各个区域之间的干扰。用铺装来处理高差的变化，可以方便行人行走，保证步行交通的安全，也可以限定空间，使人产生不同的环境感受。例如，在高出地坪的地方，人们会有兴奋、高大、超然、开阔、眩晕的感觉（图3-107）；而在较低的地方，人们会有围合、隐蔽、安全、私密、温暖的心理感受（图3-108）。

城市景观设计中，高差的处理主要靠台阶和坡道等。老年人、儿童及残障人士对台阶和坡道的要求是一个非常严谨的设计专题。另外，居住区内机动车和非机动车的存取也需要合理的台阶及坡道设计。在景观环境的设计中，对于倾斜度大的地方或局部发生高差的地方，都需设置台阶。台阶是园林道路的一部分，在园林环境中

图 3-107　高大开阔台阶

图 3-108　围合温暖台阶

设置的台阶，其美学价值远超过实用价值，故台阶的设计应与道路风格融为一体。

在设计时，台阶的高度(R)与宽度(T)在特殊情况下需要变动时可依下式计算：

$$2R + T = 680\,(\text{mm})$$

阶梯标准尺寸（屋外）计算可依据公式：

（踢面高 ×3）+ 踏面宽 = 720 (mm)（但以踏台高 160mm，踏面宽 320mm 为最大）

各种资料显示，庭院中台阶的最佳尺寸为 100 ～ 200mm。最著名的一个实例，莫过于 1723 至 1726 年建造的罗马的西班牙广场了（图 3-109）。西班牙广场因旁边的西班牙大使馆而得名，高高的西班牙大台阶建于 1723 年，由法国人出资，由意大利建筑师斯皮奇设计建设，属于巴洛克风格。台阶前的小舟喷泉是贝尼尼父亲的作品。137 级台阶的顶端是法国人在 16 世纪修建的圣三一教堂，属于哥特式风格，也是西班牙广场地标性的建筑。"它的水平高度的变化形成优美的轮廓，把行为上的必然转化为令人愉悦的体验。它造型明

图 3-109　西班牙广场

快、富于节奏变化的踏步形式，被弧形梯段交汇处的平台打破，仿佛舞蹈者短暂的停顿，呈现给罗马人和参观者一处比例优美的舞台"。

坡道是一种处理高差变化的有效手段，坡道按照类型可分为行走坡道与无障碍坡道两类。一般坡道设计的最大坡度为1:10，而专为残疾人服务的无障碍坡道最大坡度为1:12。不同坡度特点见表3-1。

表 3-1　不同坡度特点

坡　度	特　点
1% 以下	路面平坦，但排水困难
2%～3%	比较平坦，活动方便
4%～10%	坡度较为平缓，适用于草坪广场
10%～25%	展现优美坡面，适用于广阔的草坪

在面积稍大的庭院中，每9000mm长或更短的坡道就应该设休息平台，坡道坡度不大于8.3%，如果坡高在75mm以内，坡道坡度可以取12%。主要用于行走的坡道，室内坡度为12.5%，室外坡度为10%，无障碍坡道坡度为8.3%。当建筑台阶少于两阶时也可以做成坡道。大多数情况下，无论是单设坡道，还是坡道、台阶并存的庭院人行坡道都是以上标准。真正意义的坡道一般是为了使残疾人员能与正常人一样比较容易到达某些地方，供轮椅使用的坡道应设高度650mm和850mm两道扶手，因此，一般坡道会比普通建筑坡道的坡度更缓和一些，为8.3%以下（图3-110）。

普通路面的排水坡度设置要考虑到施工质量因素，应设定在1%～2%间，即使是透水性路面，也应该考虑暴雨的影响，将排水坡度设定在1%左右；花砖路面、料石路面等应设置1%～2%的雨水排水

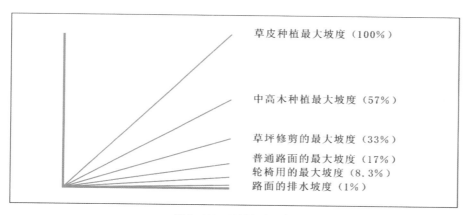

图 3-110　坡道角度示意

坡度；渣土路面、黏土路面等柔性路面应设置2%～3%的排水坡度；草皮路面应设置3%左右的排水坡度。所有排水坡度不应低于1%。

坡道设计有三种情况：一是人行道与非机动车道交叉处的坡道；二是大型商场、写字楼等公共设施入口处的坡道（图3-111）；三是进入地下通道的坡道（图3-112）。在一些广场、园林、步行商业街环境中，甚至是城市步行道路上，人们往往选择走坡道而不是爬阶梯，因此在设计的时候应当予以考虑。

七、边界

边界是指一个空间得以界定、区别于另一个空间的视觉形态要素，也可以理解为两个空间之间的形态联结要素。边界的走向与形态由周围环境决定，因为环境千变万化，所以边界形式也是多姿多彩的。边界处理同样是景观铺装设计中不容忽视的问题，构思巧妙的边界形式可为整个铺装增添情趣与魅力特色。

根据所强调的内容不同，总体来说，边界可分为两类：确定性边界和模糊性边界。确定性边界是领域划分的有效手段，常利用路缘石、隔离桩以及构形、色彩、质感的变化对人进行心理暗示，强化边界效果（图3-113）。而模糊性边界可以实现一个环境空间到另一环境空间的自然过渡，空间转换温和顺畅。当铺装与绿化结合时，采用模糊性边界还可弱化人工环境

图3-111 办公楼入口

图3-112 地下停车场入口

小贴士

坡度的表示方法

坡度一般用百分数、度数或比例来表示，常见的方法是既表示出比率，又表示出坡度的方向，并用箭头指向斜坡的下方。

1. 坡度百分数，一般可以用公式计算：$G = D / L \times 100\%$，其中G表示坡度(%)，D表示垂直高差(m)，L表示水平距离(m)。

2. 坡度度数，0°表示水平面，90°表示垂直面。

小贴士

凯文·林奇认为："边界是除了道路以外的线性要素，它们通常是两个地区的界限，相互起侧面的参照作用。"心理学家德科·德·琼治从活动心理的角度分析并提出"边界效应"理论，认为"森林、海滩、树丛、林中空地等的边缘都是人们喜爱的逗留区域，而开敞的旷野或滩涂则无人问津"。

图 3-113 确定性边界

图 3-114 模糊性边界

与自然环境的冲突（图 3-114）。在景观铺装设计中，灵活地进行边界处理是非常必要的，它往往会为整个铺装带来意想不到的效果。

突显景观铺装效果的方法有很多，可以利用光影变化下肌理发生的变化来丰富景观铺装的效果（图 3-115）。在我国古典园林中，早已利用不同色彩的石片、卵石等按不同方向排列，使其在阳光照射下产生富有变化的阴影，使纹样更加突出（图 3-116）。在城市的人行步道等处，多使用预制混凝土砌块铺地。为了增加路面的装

图 3-115 光影效果

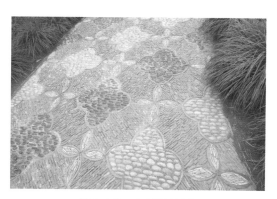

图 3-116 古典园林铺装

饰性，将砌块表面做成不同方向的条纹，同样能产生很好的光影效果，使原来单一的路面变得既朴素又丰富。这种方法不需要增加材料，工艺过程也较为简单，还能减少路面的反光，提高路面的防滑性能，有事半功倍的效果。

第四节
设计趋向

景观铺装的目的都是为了满足人类的基本需求和享受。回溯以往，人们肆无忌惮地向大自然索取，使人类生存的自然环境在很大程度上遭到了破坏，这就是人类为求得自身的发展而付出的惨重代价。但在自我反省后，人类已经认识到设计已不单单是解决人自身的问题，还必须顾及自然环境。人类的设计不仅能促进自身的发展，而且也能改善自然环境。

一、优化设计趋向

建设良好的现代城市景观是在经济发展到一定程度的基础上，人们对生活品质的要求不断提高所产生的诉求。景观铺装作为城市景观的一部分，对于创造更加优化的景观环境具有重要的作用。因此，现代城市的景观铺装不仅要求经济、实用，还要美观、生态化、人性化（图3-117）。

目前我国的景观设计中，景观铺装存在许多问题。大多数城市规划者对景观铺装的认识存在很多误区，设计者往往忽略了"设计"二字，相当多的景观铺装较为简陋，缺乏无障碍设计，标志指示系统混乱不堪，配套的服务设施严重缺乏，不仅在艺术美感上不达标，甚至不顾及文化特点和地域特色，让人精神上深层次的需求得不到满足。但随着人们认识水平的不断提高，设计者们也开始重视景观铺装的设计，更多地去分析、去观察，并加以创造，不断发展和增强原有特色。城市景观的特色之美，是人们对已有的人工建筑物本身已经形成的特色自觉地加以保护、继承和发扬的结果（图3-118）。

二、生态化设计趋向

现代景观的铺装设计，也有越来越趋向于生态化发展的趋势。铺装的生态化设计主要体现在两方面：一是材料的生产和使用是否会对环境造成破坏，废弃后是否可以回收利用（图3-119）；二是铺装

图 3-117 人性化设计

图 3-118 个性化设计

图 3-119 渗水性路面

图 3-120 硬质景观柔化

的形式和施工工艺是否有利于生态的进一步发展。所谓的生态型设计并不一定需要采用最高、精、尖的技术，花费巨资去刻意追求表面的效果。这种做法，往往在生产过程中耗费大量的能源，一次性投入巨大却收效甚微，且日后的维护费也相当昂贵，结果只能适得其反。真正要达到设计生态化的目的，应当是去发掘生态设计背后的深层含义，采用最经济、实用的方式来进行创作，如环境保护、自然野趣、小气候的营造、硬质景观的柔化等（图3-120）。

三、人性化设计趋向

以人为本，从人的各种需求出发，充分考虑人在空间中行为活动的可能性，不放过任何细节，从而设计出令人满意的空间环境，这就是人性化设计的本质。铺装设计也同样需要实现人性化，这是现代景观铺装设计的发展趋势之一。

特别需要注意的是无障碍设计。无障碍设计兴起于 20 世纪初，主要是出于对人道主义的提倡，最初应用于建筑领域，而后逐渐形成了一种设计理论。无障碍设计旨在运用现代技术，建设或改造城市环

小贴士

小气候和硬质景观柔化

小气候是指在局部地区内因下垫面局部特性影响而形成的贴地层和土壤上层的气候。小气候与大气候相比，其特点为范围小、差别大、稳定性强。

硬质景观柔化是指在某些以休闲为主的道路上，通过一定的手段，如利用仿生学、植物、水等，将原来采用传统做法的"硬质"景观"柔软"化，以达到创造生态景观的目的。

图 3-121　与人行道同样宽的盲道

境，为行动不便的人提供方便、安全的设施，使之能够相对公平地积极参与社会生活（图 3-121）。无障碍设计是现代城市人性化设计的一个重要方面，它标志着一个城市的文明程度，也标志着城市与国际接轨的程度。

四、整体设计趋向

在这里，整体可以通过两个关键词去理解：一是统一，二是自然。在整体的结构中，二者合为一体。一个整体的结构按照自然原理构成，结构的所有构成部分和谐且整体协调。

"整体"有两个特征：整体并不等于各个组成部分之和；整体在其各个组成部分的性质（大小、方向、位置等）均发生改变的情况下，依然能够存在。

景观环境作为一个系统、整体，是由许多不同功能的单元体组成的，众多的单元体巧妙地衔接、组合，形成一个庞杂的体系——有机的整体，这就是景观的整体性（图 3-122）。景观环境由具体的设计要

小贴士

整体与局部

在人们的审美活动中，对一个事物形象的把握，一般是通过它的整体效应来获得，而不会先注意事物的细节，人们对事物的认识过程是从整体到局部，然后返回到整体，也就是说要认识事物的整体性。没有无局部的整体，也没有无整体的局部。在景观铺装设计中，局部与整体无关，整体与局部脱节，都不是好的设计。

图 3-122 景观的整体性

图 3-123 随处可见的绿色

素构成，如空间、自然要素、公共设施、陈设、家具、雕塑、光、色、质等。根据格式塔心理学，景观环境最后给人的整体效果，绝不是各种要素简单、机械地累加结果，而是一种各要素相互补充、相互协调、相互加强的综合效应，强调的是整体的概念和各部分之间的有机联系。各组成部分是人的精神、情感的物质载体，它们一起协作，加强了环境的整体表现力，形成某种氛围，向人们传递信息，表达情感，进行对话，从而最大限度地满足人们的心理需求。因此，景观环境的美，在于构成景观环境要素的整体效果，而不是各部分个体美的简单相加。

第五节
案例分析

一、索沃广场

索沃广场位于阿布达比酋长国，占地面积不大，是商业中心里几栋商业楼宇之下的开放广场，为人们提供了一个绿色的休憩之地（图 3-123）。见缝插针的空间之

图 3-124 休息石台

中，精心布置着微地形、植物、水、铺装、家具等各项要素，具有浓郁的当地特色，创造出十分清凉、充满活力的现代广场空间（图 3-124）。

设计师从大自然和阿拉伯半岛固有文化中汲取了设计灵感：沙丘、传统灌溉系统、绿洲、贝多因人的纺织品、阿拉伯联合酋长国随处可见的精心修剪的树篱以及法国巴洛克城堡花园（图 3-125）。现代的响应式设计将这些元素融为一体，创造了一种可持续的、清凉的和受保护的微气候。路面由花岗岩铺砌而成，颜色的精心布局形成了贝多因地毯的图案。长凳由精细的花岗岩块筑成。栽种的绿植和花纹路面形

图 3-125　精心修剪的树篱

图 3-126　花纹路面

成了如万花筒般变幻的动态景观，能够满足从周围的高楼俯瞰广场的美观需求（图3-126）。

　　大的绿植堆体构成广场结构（图3-127）。在混凝土平台上造景带来了负重问题、土壤厚度限制问题、与建筑工程的协调性问题等一系列挑战。为了解决这些难题，设计师为绿植堆体设计了一个悬挂式的结构框架，内部填充轻质土壤用来种植植物。这些堆体看起来很像室外房间，可以抵挡寒冷的夏马风（来自波斯湾的西北大风），降低人行步道的风力，同时又在高耸的钢筋混凝土建筑物中间形成了亲密的空间。聚集的堆体形成的装饰性图案将整个广场编织成了一张绿色"地毯"（图

3-128)。

　　为了制造清凉的感觉，设计师在包裹着绿植堆体的长石凳上运用了水元素，休息的人们可以和水来一次亲密的接触，十分有趣。石凳中间是带有纹理的凹槽，创造了一种动态的水流效果（图3-129）。为了最大程度地利用有限的资源、减少水分蒸发，场地中布置了类似中东地区常见的灌溉系统的水渠流道。夜晚，底部集成照明装置投射的灯光让石凳散发出无限活力，灯光映出绿植堆体的剪影，将光滑的"地毯"广场渲染得分外美丽（图3-130）。

　　堆体的绿植设计十分大胆。堆体表面栽种着颜色和纹理均存在巨大反差的不

图 3-127　绿植堆体

图 3-128　绿色"地毯"

图 3-129　水流凹槽

图 3-130　夜晚的广场

同植物，盛开明亮橘色花朵的橙黄松叶菊旁边即是生长着精致紫叶的血苋属。栽种的所有植物均有生命力强、维护要求低、抗旱、抗热的优点。该项目因其创新的可持续设计获得了国际绿色能源与环境设计先锋奖（leadership in energy and environmental design，LEED）金奖。陡峭的倾斜堆体创造了比水平方向高出1.45m的绿色空间，同时竖向种植能充分利用灌溉水分，极大地节约了水资源（图3-131）。该项设计充分考虑了当地的文化和环境条件，庄严的图案和让人印象深刻的构形让索沃广场成为阿布达比酋长国的新地标（图3-132）。

景观布局策略形成了整体的设计语言，打造了一个真正亲民的城市广场。绿植堆体、繁茂花园、树木等景观的位置、大小和颜色配置共同标示出公共空间的不同区域，扮演着隐形路标的角色。每一种植物在迎合广场整体风格的同时又代表了本区域单元的特色（图3-133）。网格状的地面上栽种着小簇树木，点缀着现有的景观布局。树冠被修剪成型，与遍布广场的绿植堆体和天蓬式构造相呼应。栽种的仙人掌和榕箭竹形成3m宽的开阔步道，为人们提供了清晰的视野；繁茂的枝叶抵挡了阿布达比酋长国炎热的阳光，洒下片片阴凉。广场入口处栽种了低矮树篱、地被植物和青草，以提供最为开阔的广场视野，构建一个正式的广场入口。草场上，小草

图 3-131　陡峭的倾斜堆体

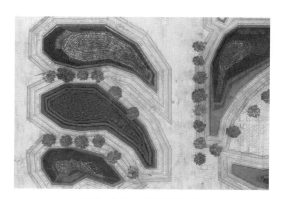

图 3-132　广场图案构形

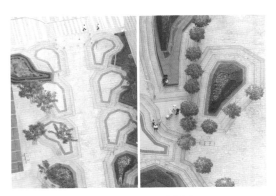

图 3-133　不同区域特色

图 3-137　软景区

图 3-134　广场入口

图 3-135　白色巨石

图 3-136　被切开的小山丘

跟着微风翩翩起舞，随着季节变换不同的颜色（图 3-134）。

二、北京大兴公园

北京大兴公园的设计者试图创建一种复兴传统亚洲造园文化的公园空间。该设计利用了圆形的设计语言来设置平面元素。一个黑白相间的花岗岩组成的硬质景观区域连接到建筑体及其视觉重量相等的圆形转角广场上。27 个巨石及其配对的小圆柏确定了这个圆形广场的边界。这些巨石同时也作为满足临时停车要求的挡车石（图 3-135）。

项目的软景部分利用微地形来表达。通向建筑的一条细长的小路劈开了一座小山丘，给人带来了强烈的视觉冲击。小山丘的切断面处是一道拱形的砖墙，好似在展示土丘被切开的过程（图 3-136）。一片映入眼帘的蓝色鼠尾草花海将两片半山丘统一成了整体。在悬挑的建筑下，景观延伸至一个如反向山丘的下沉庭院内，一棵丛生蒙古栎仁立于中心（图 3-137）。19 个白色大理石的正方形座椅散落在建筑之下，吸引游客到这片软景区域中休憩。

硬质景观同心圆与禅意花园的构形，

图 3-138　风水球

图 3-139　广场休息座椅

在视觉上建立了非常强烈的联系，同时也创造了强大的集散空间。停车广场的中心也强化了禅意的传统：一棵造型油松、规则条状种植的大叶黄杨篱及两个巨石构成不对称的特色元素。当走向建筑时，会遇到一个 7.6 吨重的风水球（图 3-138）。花岗岩风水球静静地在薄薄的水面上转动，诠释着一种通俗的中国造园元素。同时同心圆排列的黑白地砖巧妙地诠释了"禅"的含义。另外，与种植池结合的座椅特地采用代表中国的元素——红色（图 3-139）。

三、湖北荆门园

湖北荆门地理位置优越，利于农作物生长，自商周以来，历代都在此屯兵积粮。同时，荆门历史悠久，文化底蕴深厚，世界文化遗产明显陵、楚汉古墓群、屈家岭文化遗址，均分布于此。

"荆门乃荆山之门，汉水乃楚水之脉"。荆门园通过堆山理水的造园手法，应用障景、借景，打造"荆山门户，华夏谷源"。其布局以农耕文化为主题。

人们走进荆门园，被园内各种花草树木所吸引。红石砖道的两旁被贴地长的花叶蔓、满天星、美女樱、千日红、太阳红、海棠、常蓉藤覆盖，路边花坛上圣厥绿油油，合欢树高耸云天，樱花树、柚子树、紫玉兰、中华石楠、红叶石楠，枝繁叶茂，成片凤尾竹生机勃勃，高树与低树俯仰生姿，落叶树与常绿树相间，一年四季都充满生机。这里融合了荆门"一山一水三分田"的地貌特点和五千多年的屈家岭文化，通过一湖、一舍、一亭、三谷仓，构建"逐水而居""择土而作""物阜民丰"的农谷风貌（图 3-140、图 3-141）。

荆门园以"谷园"命名，设计主题为"荆门谷韵"，面积达 3000m^2。展园以荆门城北特有的山地丘陵景观为蓝本，缀连农人、农事和农景，营造出充满诗意的山水园林景观，也创建了一处极具生活情趣的垄上人家场景，展现了荆门人勤劳、质朴、与人为善的精神风貌（图 3-142）。民居、梯田、纺织机、圈养家禽，这里有着区别于城市生活的田园风情，在铺装上运用常见的农具，古朴雅致（图 3-143）。

荆门是农耕文明的发源地，沿石条路走，农历二十四节气雕刻在梯形石条板上，每个节气都编有农耕歌谣，这是先祖对农耕季节的把握，是农耕文化的一部分，彰显了荆门园的特色。顺着梯形石板路而行，只见棉桃开放，各种农作物点缀路旁，步移景异。

值得一提的是，园内一块区域采用木桩作为铺地材料，周围用鹅卵石填充，渗水性和透气性好，部分木桩上长出了蘑菇，为园区景色添上别致的一笔（图 3-144、图 3-145）。

图 3-140　粮仓展馆

图 3-143　瓦片铺装

图 3-141　象征丰收团结的铺装图案

图 3-144　木桩铺地

图 3-142　磨盘汀步路

图 3-145　缝中生长的蘑菇

思考与练习

1. 景观铺装的原则。

2. 怎样理解尊重、继承和保护历史的原则？

3. 景观铺装设计的特性是什么？

4. 从实践角度讲，景观铺装有何作用？

5. 景观铺装的设计要素有哪些？

6. 根据设计要素的学习内容，尝试分析校内某一处景观铺装。

7. 说明我国的景观铺装设计存在哪些问题，并提出相应的解决措施。

8. 简述我国景观铺装设计的趋向。

9. 格式塔心理学对景观铺装设计有何借鉴作用？

10. 综合运用本章知识，对所在学校或社区进行案例分析。

第四章
材料与工艺设计

学习难度：★★★★☆

重点概念：工艺、材料

章节导读

　　不论任何设计，都需要了解材料的性能及其加工工艺，这样才能发挥材料自身的形式语言，保证设计能够实现并为创新打下坚实的基础，景观铺装设计中同样如此。铺装在整体的景观环境中常常处于衬托或附属地位，因此景观铺装的重要性一时还得不到应有的关注。除了在一些特别重要的路段和重点区域外，景观铺装很难达到普遍化。

　　中国对景观环境及其铺装设计的重视程度不断加深，同时，随着科技的发展，景观铺装技术不断进步，传统材料的潜力得到进一步开发，新型材料不断应用在景观铺装中，景观铺装设计有了更广阔的天地（图4-1）。

图 4-1 道路

第一节
基本技术要求

景观铺装技术在城市环境艺术中具有非常重要的作用。景观铺装材料既要满足车辆通行和行人步行功能的要求，又要满足色彩、图案、表面质感等装饰特性的要求，同时还必须考虑造价及施工与维护的难易程度。选择适宜的铺装景观材料十分重要。

景观铺装设计主要涉及三个方面的问题：一是要满足人体工学的要求，包括防滑性、透水性、透气性、行走的舒适性、触觉质感、弹性等；二是满足审美方面的要求，包括铺装的色彩，质感的选择，图案的设计，尺度、高差、边界问题的处理等；三是要满足不破坏生态环境，甚至是创造新型生态景观的要求。这些都是现代城市景观铺装中必不可少的环节，也是铺装设计成功与否的关键。

一、人体工学的要求

1. 防滑性

对于步行道的铺装，防滑是十分重要的，尤其是在设有坡道、踏步的地方，可以在垂直于人群行走方向上安装防滑条或打凿出很浅的防滑凹缝（图 4-2）。在选择铺装材料的时候，也应考虑到室外景观铺装与室内地面铺装不同，抛光的石材往往是不能满足防滑要求的，只能作小面积的铺装或者作为其他材料的点缀或局部条形装饰出现。一些材料在雨雪天气里比平常更易打滑，选择时应当慎重。

铺装防滑处理的形式主要有采用表面带有凸纹的材料，譬如石材的表面进行凿毛或烧毛处理，或者是在普通的材料上喷涂薄层铺装防滑涂料等（图 4-3）。

2. 透水性、透气性

目前城市景观中，地面铺装多采用沥青、混凝土、砖石。封闭的地面加上密集的高楼大厦，使城市地表被阻水材料覆盖，水分难以下渗，降水很快形成地表径流后

图 4-2 防滑凹缝

图 4-3 凿毛处理

被排走，造成了生态学上的"人造沙漠"。不透水的路面缺乏对城市地表温度、湿度的调节能力，地面易干燥，扬尘污染重，且雨后水分快速蒸发，空气湿度大，夏天使人闷热难受，这就是气象学上的"热岛效应"。而另一方面，在公园、广场和道路绿化中常会遇到绿化植物因树坑周围的铺装材料不易透气而影响生长。

针对这些情况，应当从铺装的材料上着手解决问题。第一种方法是采用透水混凝土路面。由于这种路面采用"沙琪玛"式的空隙结构（图 4-4），透水路面和地下土壤是连通的，地表水、气都能渗透下去。第二种就是采用多种矿物质和一些不可降解的工业废料烧制而成的透水砖铺砌路面（图 4-5）。透水砖保留大量的空隙，形成透气、透水的特性，保证植物的根系处在一个良好的生长环境中。因为透水性良好，采用这种材料铺装的广场和道路，即使在下雨天也不会积水，游人不会因此湿鞋。同时，雨水也可以渗入地下滋润土地，改善地下水缺乏的现状。另外，由于环保透水砖的表面多孔，使它拥有最自然的折射，具备良好的吸声降噪功能，特别适合在喧嚣的城市中使用。与其他传统铺装材料相

图 4-4 "沙琪玛"式的空隙结构

比，透水砖还具有强度高、耐磨、抗折等优点，其外形尺寸、铺设方法等与普通广场砖相同。此外，透水砖的色彩十分丰富，便于营造出多种图案。第三种就是采用嵌草式铺装，此种方法多用于公园或居住区步行道（图 4-6）。

3. 触觉质感

触觉质感是指通过触觉感知的材料的表面状态。就铺装而言，触觉质感可以理解为脚透过鞋底感觉到的表面状态，与铺装的光滑性、弹性都有很大的关系。不同的材料，脚底的触觉质感会有较大差别。总体上来说，广场、无顶棚步行商业街的大面积铺装以质感较粗糙的石材和砖为好（图 4-7），在边缘地带也可以采用其他材料进行装饰。居住区、园林道路的铺

图 4-5　透水砖铺砌路面

图 4-8　园林铺装石材

图 4-6　嵌草式铺装

为了让行人行走时倍感舒适，在规划中人行道可以适当地拓宽，因为在狭窄的带状道路上行走总给人一种局促甚至不安全的心理感受。

图 4-7　广场铺装石材

装则采用不同质感的铺装材料，以丰富景观的层次，增加趣味性，打破单调感（图4-8）。

由于卵石特殊的触觉质感，可以作为一种园林道路边缘的铺砌材料使用，但不可以大面积地应用（图 4-9）。不可否认的是，卵石不适合应用在道路平整度要求较高的地方，但是卵石铺装是一种特殊的铺装形式，它可以做得十分粗犷，充满古朴的野趣，有时也可以做出很细致的效果。只要合理设计，也不失为一种不错的质感突出的铺装材料。另外，近几年，一些居住区的人们在休闲的时候开始利用卵石铺装的特殊质感来进行足底按摩，以达到健身的效果。因此，在一些休闲娱乐广场或是岸线道路上，卵石铺装还是可以发挥作用的。当然，完全使用卵石铺成的路面有时会略显单调，若在卵石间加几块自然扁平的切石，就会显得富于变化，避免给人带来无趣的感受（图 4-10）。

4. 弹性

所谓的弹性，是指物体受外力作用

图 4-9 卵石铺装

图 4-10 卵石组合铺装

而发生形变，当去除外力后形变能完全消失并恢复原状的性质。城市景观铺装也需要有一定的弹性，以保证车辆行驶和行人行走的舒适性。一般来说，居住区、步行道路铺装应当具有一定的弹性以减轻行人行走的疲劳感。最近出现的一种彩色弹性橡胶地砖可以作为儿童游乐场地的铺装材料使用（图4-11）。这种材料不仅具有儿童喜爱的艳丽色彩，而且弹性很大，能够对儿童起到保护的作用，即使摔倒也不会轻易受伤（图4-12）。这种材料可以根据需要加工成各种颜色，满足不同场所和环境的需要。

二、审美要求

1. 尺度

在景观环境中，有些要素有着正常的合乎规律的尺度关系，但是相对于其他要素却有异常的尺度。因此，在景观环境设计中，一般应该使要素的实际大小与它给人们印象的大小相符合，如果忽略了这一点，任意地放大或缩小某些物件的尺寸，就会使人产生错觉。

铺装图案的尺度不同，其取得的空间效果也不一样。铺装图案大小对外部空间能产生一定的影响：形体较大会使空间产生一种宽敞的尺度感；而较小、紧缩的形

图 4-11 彩色弹性橡胶地砖

图 4-12 儿童游乐场地

状，则使空间具有压缩感和私密感。通过不同尺寸的图案以及合理采用与周围环境不同色彩、质感的材料，能影响空间的比例关系，可构造出与环境相协调的布局。通常大尺寸的花岗岩、抛光砖等材料适宜大空间，而中、小尺寸的地砖和小尺寸的马赛克，更适用于一些中、小型空间。就形式意义而言，尺寸的大与小在美感上并没有多大的区别，并非越大越好。有时小尺寸材料铺装形成的肌理效果或拼缝图案往往能产生较好的形式趣味，或者利用小尺寸的铺装材料组合成大的图案，也可以与大空间取得比例上的协调。

在景观铺装设计中，重要的课题之一就是选择一个恰如其分的尺度，其次就是尺度协调，把同样的尺度类型自始至终贯穿到全部设计之中。当然，庞大的景观环境有不同用途的空间，这也就决定了尺寸关系的类型也是多种多样的。任何景观铺装都应根据它的使用功能、所处的场所和所要达到的环境效果，而拥有自己的尺度。

2. 均衡

景观设计是设计空间的艺术，其构图在三维空间中完成，如果再加上时间这个向量，那么它的构成将更为复杂。当在一个空间走动时，我们对环境空间及其构成要素的感觉会发生变化。当我们的视点来回变动时，我们看到的透视也随之变化。步移景异，所以我们应该在四维的空间考虑一个环境空间中各构成要素的视觉平衡。一个优秀的景观铺装设计必须从所有的角度上都呈现良好的视觉效果。

均衡可以算得上是景观铺装设计的基石，在视觉上给人以魅力和统一。它能形成安定、平稳的视觉效应，可以防止散乱不堪。

3. 整体统一

景观铺装设计是一种统一的艺术创造，并不是简单地对构成景观铺装的要素进行设计，而是追求一种相同或相似的内涵和艺术形象表达，形成一个完整、和谐的整体。景观铺装设计中，这种统一一般是用色彩及材料来获得的。在这方面，景观环境设计是得天独厚的，因为，正确地选择建筑材料即可获得主导色彩，而且这常常是实现统一和协调的唯一方法。另外，建筑材料色彩的对比，也能产生一种戏剧性的统一效果，但前提是重点点缀，不要导致对比色或材料之间在趣味上发生矛盾。有很多设计都是把砖、石、陶瓷锦砖、玻璃、木材和金属综合运用，但是在成功的作品中，我们总会发现一种颜色或一种材料占据主导地位，对比的色彩或材料仅仅用来重点点缀，很少有同等对待的状况。

在增强景观铺装整体统一性的同时，我们还应该意识到，统一和谐的原则并不排除在设计中对变化与趣味的追求。变化的主要作用在于使形式产生生动活泼的效果。过分使用具有相似或相同特征的要素，将使设计陷入一种单调、乏味的构图中；而为追求视觉上的趣味性作过多的变化，又将会引起视觉、感觉的混乱。

4. 韵律与节奏

在景观铺装设计中，具有强烈韵律的形式就是追求一种图案化，无论是重复的形式，还是渐变的形式，都能增加形式感和艺术感染力。景观铺装中的韵律可以分为简单韵律、交错韵律和渐变韵律，它是景观的构成要素，如形状、装饰图案、材质等有规律的、连续的变化与重复。节奏是伴随着重复而产生的，铺装中节奏的快慢取决于要素重复间隔的大小。重复能产生一种秩序和节奏。构成铺装韵律的重复可繁可简，简单的重复单纯而平稳，多层次、复杂的重复包含着多种节奏的相互交织，构图丰富而充满起伏和动感。

5. 色彩

铺装的色彩一般用于衬托景观的背景，所以要与周围环境的色调相协调。假如色彩过于鲜亮，可能喧宾夺主，甚至造成景观铺装杂乱无章。色彩具有鲜明的个性，暖色调热烈，冷色调优雅，明色调轻快，暗色调宁静。色彩的应用应追求统一中求变化，即铺装的色彩要与景观整体相协调，用视觉上的冷暖节奏变化以及轻重缓急节奏变化，打破色彩千篇一律的沉闷感，最重要的是做到稳重而不沉闷，鲜明而不俗气。

色彩的选择还要充分考虑人的心理感受。在活动区尤其是儿童游戏场，可使用色彩鲜艳的铺装，营造活泼、明快的气氛；在安静的休息区域，可采用色彩柔和、素雅的铺装，营造安宁、平静的气氛；在纪念场地等肃穆的场所，宜配合使用沉稳的色调，营造庄重的气氛。

6. 图案纹样

景观铺装可以其多种多样的纹样形式

小贴士

韵律分类

景观铺装设计中的韵律根据要素的组成方式可分为简单韵律、交错韵律和渐变韵律。

简单韵律是指由一种要素（形状或色彩）按一种或几种节奏方式重复而产生的连续构图，就是形式的重复。简单韵律使用过多容易造成单调、乏味的感觉，因此仅适合小规模的景观连续构图或用于变化丰富的景观铺装中。交错韵律是由两种以上的要素按照一种或几种节奏方式重复交织、穿插而产生的连续构图，就是一种或几种简单韵律的重叠使用。交错韵律与简单韵律相比，增加了一些变化，可以调节气氛，使环境充满轻松、和谐、生动之感。渐变韵律是要素的基本形式或构形的骨架逐渐地、有规律地顺序变动，形成一种富有节奏和韵律的自然性美感。也就是连续重复的要素自身有规律地变化或按一定规律有秩序地变化而形成的连续构图。渐变韵律有时也包含着对立的两个要素由相似到对比的逐步转化，景观铺装中常常使用这样的手法将相互对比的两种铺装形式统一于同一个景观环境中，取得和谐的视觉效果。

来衬托和美化环境，增加景致的美感。纹样起到装饰路面的作用，因环境和场所的不同而具有多种变化。不同的纹样给人们的心理感受也是不一样的。一些采用砖铺成直线或者平行线的路面可增强地面设计效果。值得注意的是，与视线垂直的直线可以增强空间的方向感，在景观中可以起到组织路线、引导游人的作用。其他比较常用的方法有效仿自然的不规则铺装，如乱石纹、冰裂纹等，可以使人联想到乡间、荒野，更具有朴素、自然的感觉。现代的铺装材料中运用大理石、花岗岩的数量很多，但这些石材常给人冰冷而生硬的感觉，且显得很不自然。

7. 重点

在视觉艺术当中，突出重点是非常必要的特性，这也是一个公认的艺术原则。假若一件艺术品没有引人注目的重点，将会显得平淡无奇。如果有过多的重点，则显得杂乱无章、支离破碎、互相冲突。作为景观环境重要的组成部分，景观铺装及其自身的构成要素在整个室外空间环境中的地位和作用必定因环境的功能差异而不同。有的景观铺装处于重要位置，起支配作用，有的则处于从属地位。一件优秀的景观铺装设计作品，都在恰当的位置表达恰如其分的含义，每种要素也能协调、统一于整体的设计之中。

第二节
铺装材料与工艺

地面铺装依照强度可以分为高级铺装、简易铺装和轻型铺装。高级铺装适用于交通量大且多重型车辆通行的地面；简易铺装适用于交通量小、几乎无大型车辆通过的道路；轻型铺装适用于机动车交通量小的园路、人行道、广场等的地面。

地面按材料可以分为沥青地面、混凝土地面、卵石地面、预制砌块地面、花砖地面、料石地面、塑料地面、砂土地面、透水草皮地面、木板地面等。

一、沥青地面

沥青地面成本低，施工简单，平整度高（图4-13），常用于步行道、停车位的地面铺装，也用于住宅庭院内。在沥青地面中，除了沥青混凝土地面外（图4-14），还有透水性沥青地面、彩色沥青地面等。

1. 透水性沥青地面

透水性沥青地面可能会因雨水直接浸透路基造成路基软化，因此现在一般只

图 4-13　沥青地面

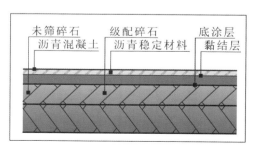

图 4-14　普通沥青混凝土地面构造图

用于人行道、停车场、建筑区内部道路的铺装。同时，透水性沥青地面在使用数年后多会出现透水孔堵塞、道路透水性能下降的现象。为确保一定的透水性，对此类地面应经常进行冲洗养护。其地面结构面层采用透水性沥青混凝土（升级式沥青混凝土），不设底涂层。如果路基透水性差，可以在基底层下铺设一层砂土过滤层（50～100mm）。

2. 彩色沥青地面

彩色沥青地面一般可以分为两种：一种是加色沥青地面，厚度约20mm；一种是加涂沥青混凝土液化面层材料的覆盖式地面，在田园风格的庭院中常用。

二、混凝土地面

混凝土地面因造价低、施工性好，常用于铺装园路和自行车、私家车的停放场地。

混凝土地面处理方法大致有以下几种：铁抹子抹平、木抹子抹平、刷子拉毛、简单清理表面灰渣的水洗石饰面和铺着色石材饰面等。

将混凝土地面用于庭院道路等，较为常见的设计手法是不设路缘，但这种地面缺乏质感，易显单调，因此应设置变形缝增添地面变化（图4-15、图4-16）。

三、卵石地面

卵石地面主要分为水洗小砾石地面和卵石嵌砌地面。

1. 水洗小砾石地面

水洗小砾石地面是在浇筑预制混凝土并使之凝固24～48 h后，用刷子将混凝土表面刷光，再用水冲刷，直至砾石均匀露明所形成的地面（图4-17）。这是一种利用小砾石色彩和混凝土光滑特性的地面铺装，除庭院道路外，一般还多用于人工溪流、水池的底部铺装。利用不同粒径和品种的砾石，可铺成多种水洗石地面。地面的断面结构视使用场所、路基条件而异，一般混凝土层厚度为100mm。

2. 卵石嵌砌地面

卵石嵌砌地面是在混凝土层上摊铺厚度20mm以上的砂浆（1:3）后，平整嵌砌卵石（图4-18），最后用刷子将水泥浆整平所形成的地面。卵石地面经济实用，非常适宜住宅庭院使用。

四、预制砌块地面

预制砌块地面的标准结构有两种：一种是有车辆通行场所使用的80mm厚的地面，另一种是人行道使用的60mm厚的地面。地面基底层为未筛碎石或级配碎石，其上铺设透水层，再铺筑粗砂，最后

彩色沥青地面的面层施工应在室外温度7℃以上的条件下进行，以免地面出现斑纹。针对有车辆通行要求的彩色沥青地面，需要在底部增加一层厚度为50mm的普通沥青层，并在使用中注意保养。

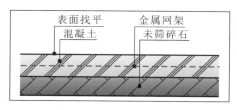

图4-15 混凝土地面构造图

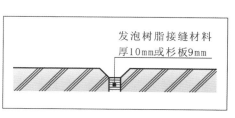

图4-16 伸缩缝详图

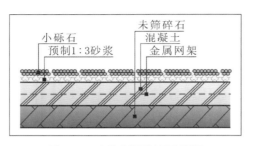

图 4-17 水洗小砾石地面构造图

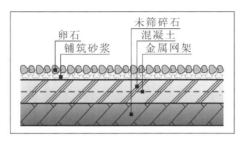

图 4-18 卵石地面构造图

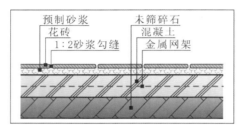

图 4-19 花砖铺装构造图

图 4-20 户外花砖铺装

面层铺装预制砌块。为了确保道路的平整度，铺设地面时应采用透水层。

预制砌块地面具有防滑、步行舒适、施工简单、修整容易、价格低廉等优点，常用于人行道、广场、停车位等多种场所。

预制砌块地面虽不及花砖高级，但是它的色彩、样式丰富，类似小料石砌地面，可以拼接成砖式地面、六角形地面、八角形地面等。另外，还有多种艺术型预制砌块地面，如高透水性产品、仿石类产品等。

五、花砖地面

花砖地面的色彩丰富，式样与造型的自由度大，容易营造出欢快、华丽的气氛，常用于住宅阳台、露台、户外庭院、人行道、大型购物中心等场所的地面铺装（图4-19）。花砖除烧瓦、瓷砖、砖铺面砖外，还有透水性花砖（图4-20）和防滑花砖。同时，花砖铺地时必须设置伸缩缝，应注意选择有伸缩缝的花砖式样。

六、料石地面

料石地面是指在混凝土垫层上再铺砌15～40mm厚的天然石材形成的地面。料石地面利用天然石材的不同品质、颜色、饰面及铺砌方法可组合出多种形式，因而能够营造一种有质感、沉稳的氛围，常用于大面积庭院地面铺装。

室外料石铺装地面常用的天然石料首选花岗岩，其次有玄昌石板、石英岩等。在可能出现冻害的地方，一般使用石灰岩、砂岩等材料。地面铺成后，再作打磨等防滑处理，精磨饰面。因其雨后防滑性差，基本不用作人行道路面处理，如果使用精磨饰面加工面层，则应提高表面的平整度，增加接缝（图4-21）。

料石铺地的铺砌方法有多种，如方形铺砌、不规则铺砌等。方形铺砌的接缝间距一般为6～12mm；铁平石等不规

小贴士

预制砌块地面主要用于坡道铺装，接缝可能会漏砂，可以改用干拌砂浆勾缝以防止漏砂。在难以收口的边缘转角处，可以在混凝土中掺入与预制砌块相同的颜料勾缝，避免接缝醒目，与草皮等绿地衔接时，为不使路缘过于醒目，在国外常使用合成树脂制作棱线。

则铺砌的接缝间距为 10mm 左右；观光地的石英岩、石灰岩等的不规则铺砌地面，一般采用不平整的铺砌办法，接缝间距为 10 ~ 20mm(图 4-22)。料石铺地选用的石材一般规格不一，如果是花岗岩，可按设计图纸挑选，但石料的厚度一般为 25mm。板岩、石英岩通常用于方形铺砌地面，石料规格为 300mm×300mm，或 300mm×600mm，厚度皆为 25 ~ 60mm。

图 4-21　广场料石铺地

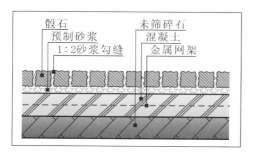

图 4-22　料石铺装构造图

七、塑料地面

塑料地面比较时尚，主要分为现浇无缝环氧沥青塑料地面和弹性橡胶地面两种。

1. 现浇无缝环氧沥青塑料地面

现浇无缝环氧沥青塑料地面是将天然砂石等填充料与特殊的环氧树脂混合后作面层，浇筑在沥青路面或混凝土地面上，抹光至 10mm 厚的地面，是一种平滑的兼具天然石纹色调的地面(图 4-23)，一般用于庭院、广场、池畔等路面铺装(图 4-24)。

2. 弹性橡胶地面

弹性橡胶地面是利用特殊的黏合剂将橡胶垫黏合在基础材料上，制成橡胶地板，再铺设在沥青地面或混凝土地面上(图 4-25)，常用于体育设施、幼儿园、学校、医院等处，地面厚度一般为 15mm 或 25mm。

八、砂土地面

砂土地面看似粗糙，在住宅庭院中却能起到独特的装饰作用。

1. 石灰岩土地面

石灰岩土地面由粒径在 3mm 以下的石灰岩粉铺装而成(图 4-26)，除弹性强、透水性好外，还具有耐磨、防止土壤流失的优点，一般用于日式庭院或现代庭院的局部铺筑（图4-27）。由于雨水会造成石灰岩土的流失，因此，对纵向坡度较大的坡道，不适合采用这种材料。

2. 砂土地面

砂土地面是一种以黏土质砂土铺筑的柔性铺装，主要用于有户外健身要求的庭院，具有少泥泞、安全的优点（图4-28）。砂土材料中细沙与优质土（黑土、红土或花岗岩风化土）的标准配合比为2:3(图4-29)。

3. 黏土地面

黏土地面是一种简易的柔性铺装，由黏土和砂土混合铺筑，其中黏土与砂土的配比为6:4。黏土地面较适合用于排水良好的地段，在上面运动跌倒后很少造成外伤。

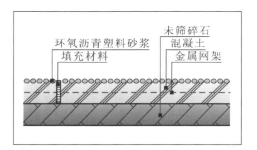

图4-23　无缝环氧沥青塑料地面构造图

图4-24　沥青塑料地面

图4-25　弹性橡胶地面

图4-26　石灰岩土地面（一）

图4-27　石灰岩土地面（二）

铺装时应注意的问题

小贴士

铺装时应注意地面塌陷、板面松动和板面平整度偏差过大三方面的问题。

地面塌陷：塌陷的主要原因是地基回填土不符合质量要求，未分层进行夯实，或者严寒季节在冻土上铺砌地面，开春后气温回升，冻土开化造成路面下沉。因此在铺砌路面板块前，必须严格控制路基填土和灰土垫层的施工质量，更不得在冻土层上作路面。

板面松动：铺砌后应养护2天，之后立即进行灌缝，并填塞密实，另外要控制不要过早上车、上人碾压。

板面平整度偏差过大：在铺砌之前必须拉水平标高线，先在两端各砌一行，做为标筋，以两端为标准再拉通线控制水平高度，在铺砌过程中随时用2m靠尺检查平整度，不符合要求时及时修整。

图4-28　砂土地面

图4-30　人工草皮

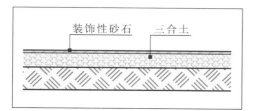

图4-29　砂土地面铺装构造图

九、透水性草皮地面

透水性草皮地面有两类：使用草皮保护垫的地面和使用草皮砌块的地面。其中草皮保护垫是由一种保护草皮生长发育的高密度聚乙烯制成的、耐压性及耐候性强的开孔垫网（图4-30）。草皮砌块地面是在混凝土预制块和砖砌块的孔穴、接缝中栽培草皮（图4-31、图4-32），使草皮免受人、车踏压的地面铺装，一般用于停车位等场所。透水性草皮可以和其他硬质铺

人造草皮的优点如下：重量轻，便于铺装；具有高冲击吸收性能、良好的排水性能和保湿性能；可以根据场地大小定制卷长；极好的减振性能和反弹性能；不吸水性，铺装不受天气影响；产品不易腐蚀或粉化；表面平整，抗压力强；切割平整，接头可快速、准确地衔接好。

图 4-31　停车位应用草皮砌块地面

图 4-33　公园木板

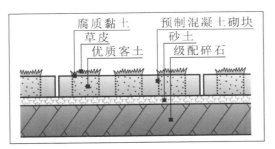

图 4-32　草皮砌块地面铺装构造图

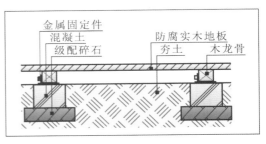

图 4-34　木板铺装构造图

装材料形成鲜明的对比，具有柔化环境的作用。

十、木板地面

木材在景观铺装中以朴实的质地和温馨的触感满足了人们对自然回归的迫切渴望（图 4-33），因此户外木地板、木制平台、泳池岸边木地板等逐渐受到人们的欢迎。实木铺装在室外容易腐烂、干裂或被虫蛀，户外一般选用防腐木。防腐木是在木材的表面涂上专用的水封涂料，经浸渍处理后而具备防腐功能的铺装材料（图 4-34）。

由于户外木地板易受损，安装时要注意以下几点。

(1) 户外木地板应在户外阴干到与外界环境的湿度大体相同的程度时进行安装。含水量很大的木材在安装后会出现较大的变形和开裂。

(2) 在施工现场，户外木地板应通风存放，尽可能避免太阳暴晒。

(3) 在施工现场，应尽可能使用户外木地板现有尺寸，如需现场加工，应使用相应的防腐剂充分涂刷所有切口及孔洞，以保证户外实木地板的使用寿命。

(4) 在搭建露台时，应尽量使用长木板以减少接头，板面之间留 5～10mm 缝隙。

(5) 所有的连接应使用镀锌连接件或不锈钢连接件及五金制品，以抗腐蚀，绝对不能使用不同金属件，否则很快会生锈，使户外实木地板结构受到根本损伤。

(6) 在制作和穿孔的过程中，应先用电钻打眼，然后用螺丝等固定，以免人为造成户外木地板的开裂。

(7) 虽然处理后的木材可以防菌、防霉变及白蚁侵蚀，但待户外实木地板干燥或风干后，还应在其表面使用木材防护漆进行涂刷。使用户外木材专用漆时应注意首先要充分摇匀，涂饰后需 24 小时的晴天条件，使涂料在木材表面成膜。

十一、各种铺装材料的优缺点

没有一种面层能满足所有室外活动的需要，每种活动都有各自的面层要求，如表 4-1 所示。

表 4-1 各种铺装材料的优缺点

铺装类型	优　点	缺　点
沥青地面	热辐射低，光反射弱，耐久，维护成本低，表面不吸尘，弹性随混合比例而变化，表面不吸水，可做成曲线形式，通气性好	边缘如无支撑将易磨损，天热会软化，汽油、煤油和其他石油溶剂可将其溶解，如果水渗透到底层易受冻胀损害
混凝土地面	铺筑容易，可有多种颜色、质地，表面耐久，使用期间维护成本低，表面坚硬，无弹性，可做成曲线形式	需要有接缝，有的表面并不美观，铺筑不当会分解，难以使颜色一致及持久，弹性低，张力强度相对较低而易碎
卵石地面	铺装成本低，具有自然气息，能与其他地面材料相搭配，质感强	表面比较光滑，铺装复杂，铺装后容易脱落
预制砌块地面	可用于各种目的，铺筑时间短，容易铺筑、拆除，且通常不需要专业化的劳动力，颜色范围广	易于受人为破坏，比沥青或混凝土铺筑成本高
花砖地面	防眩光，路面不滑，颜色范围广，尺度适中，容易维修	铺筑成本高，清洁困难，冰冻天气易发生碎裂，易受不均衡沉降影响，易风化
料石地面	坚硬且密实，能承受重压，能够抛光成坚硬、光洁的表面，耐久且易于清洁	难于切割，有些类型易受化学腐蚀，相对较贵
塑料地面	色彩鲜艳，层次丰富，能改善环境气氛	只适于轻载，不耐磨，容易褪色，制作成本高
砂土地面	经济性好，颜色范围广	根据使用情况每隔几年要进行补充，可能会有杂草生长，需要加边条
透水性草皮地面	与草坪表面相似，雨后能更快使用而无积水，活动场地平坦，没有浇水和养护的问题	容易造成运动者受伤，比天然草地铺筑成本高
木板地面	自然亲和，有弹性，增显环境档次	造价高，难保养

气候与地面铺装

1. 干热气候下，使用较浅的颜色以避免热吸收。由于湿度低，可以使用有孔隙的表面，通常使用单体铺路石和硬质整体铺装。

2. 湿热气候下，为防止苔藓和水藻的生长并适应降雨，排水很关键，为反射热量应使用浅色。

3. 温和的气候下，可用较深的颜色吸收太阳热辐射。

4. 寒冷的气候下，由于极端温度的不同而有更多的限制。多雪地区由于使用清雪设备，需要面层耐磨。化学融冰产品会使混凝土变质。砂浆单体铺路材料需要定期维护。

第三节
案例分析

一、法国肖松公园

从地理尺度上看，肖松公园位于绿色轴线附近（图 4-35）。在法兰西岛上，高度的物种多样性越来越罕见，该项目旨在通过建设一个自然性的社区公园，为丰富物种多样性尽一份力（图 4-36）。

法国肖松公园是一个当地的社区花园，占地面积达 6.5 万平方米。因为建在一个超过 1500 个住户的社区核心地带，公园被社区中的居民高强度地使用。公园为居民提供了活动空间和器械，包含大型的儿童游乐区和花园，同时也创造了一个安静的，用于放松、阅读和散步的空间。

儿童乐园采用弹性橡胶铺装（图 4-37），增强了儿童玩耍时的安全度，鲜亮多彩的颜色和起伏的地形增加了儿童乐园的趣味性（图 4-38、图 4-39）。

而公园的另一区域则与儿童乐园截然

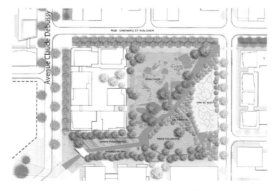

图 4-35 肖松公园平面图

图 4-36 肖松公园鸟瞰图

图 4-37　儿童乐园鸟瞰图

图 4-38　缤纷多彩的颜色

图 4-40　公园鸟瞰图

图 4-39　起伏的地面

相反（图 4-40），无论从铺装材料还是色彩对比（图 4-41）上，该区域整体显示出一种安静、休闲的氛围（图 4-42）。

公园的铺装采用不规则的混凝土石板和填充绿植，让整个空间拥有一种活力与生命力。

二、广东泰康拓荒牛纪念园

泰康拓荒牛项目位于广东省惠州市博罗县福田镇境内，罗浮山风景区后山（西侧），项目所在地自然条件优越，山清水秀，排水良好。设计师用开拓、创新、团结、奉献的"拓荒牛精神"的文化核心来丰富项目，由此引申出"一个时代的记忆，一个民族的灵魂"的设计理念（图 4-43）。

一个以基建工程兵为主题的纪念园在这里呈现，以此纪念那些峥嵘岁月里为推动国家历史进程而奋斗的"拓荒牛"（图 4-44）。拓荒牛精神是一种力量，始终作

图 4-41　混凝土石板铺装

图 4-42　休息座椅

图 4-43　拓荒牛纪念园鸟瞰图

为纪念园空间的精髓。折线梯田元素勾勒出纪念园轮廓，石材、钢板的组合表达出刚毅的力量感，体现出基建工程兵的铮铮铁骨（图 4-45）。

项目由眺望景台、台地花海、汗青池三部分构成（图 4-46）。台地花海即为墓葬纪念区，汗青池为休闲景观区，功能分区分明，动线流畅合理（图 4-47）。项目

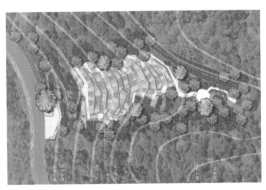

图 4-44　总平面图

图 4-45　折线梯田元素

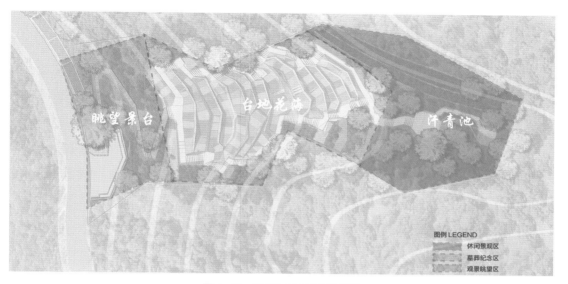

图 4-46　拓荒牛纪念园功能分区

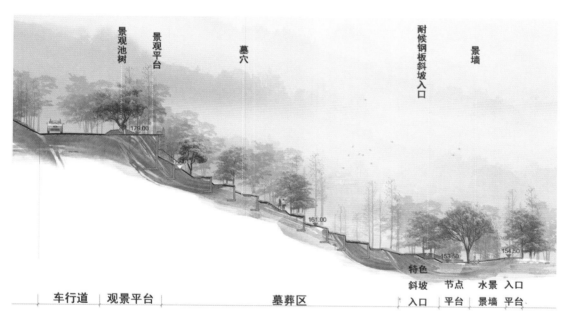

图 4-47　拓荒牛纪念园剖面图

最大的挑战在于坡度复杂的山地地形不利于景观营造，山脊排水方式过于单一，为解决此问题，设计师在每级台阶内设置种植区域，草阶的设置能有效地缓解降雨带来的排水压力（图 4-48）。

　　设计师不去破坏原有景观，也不过度修饰，而是依山势做台地式墓位处理，消化高差的同时丰富景观层次，针

图 4-48　草阶

对性地保留直径 30cm 以上的古树, 体现人与自然和谐相处。台地浅丘, 花香弥漫, 浓荫绿草环绕梯田式台阶, 人工景观之美和山水自然之美和谐相融 (图4-49)。

台地式的设计使得阶梯和开阔的组团空间相互融合成一个整体。这种具有大尺寸铺装和不规则种植池的设计, 在各个节点处形成一个开放空间 (图 4-50)。拾级

而上, 是坡顶的观景平台 (图 4-51)。白色的花岗岩、原木质地的长椅、锈蚀钢板这些现代简约的物料运用和植物配置, 增添了景观独特的趣味性 (图 4-52)。同时该项目注重人文关怀, 场地台地高差大, 特地采用简洁的线性栏杆, 依山就势与折线形台地的基本线条结合, 简洁的拉丝钢材质栏杆仅保留基本扶手功能形态, 简洁实用 (图 4-53)。

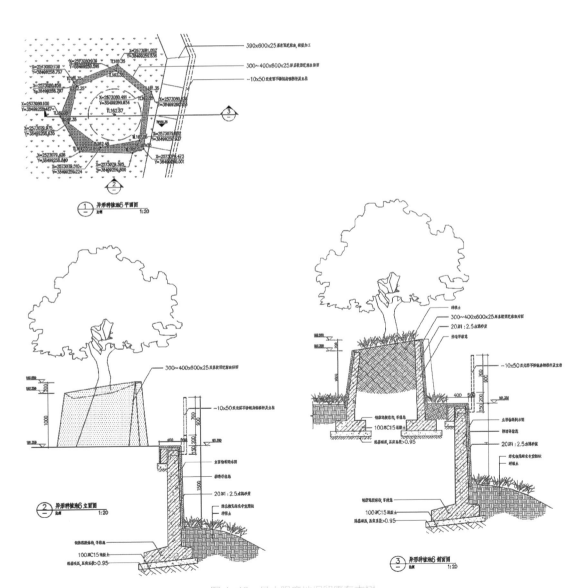

图 4-49　最大限度地保留原有古树

图 4-50 台地式的空间和开阔的组团空间相互融合

图 4-52 锈蚀钢板

图 4-51 观景平台

图 4-53 线性栏杆

三、苏州古典园林铺装

1.园林铺装的概念

园林铺装是指在园林环境中运用自然或人工的铺地材料，按照一定的方式铺设于地面形成的地表形式（图 4-54）。铺装作为苏州古典园林构园的一个要素，其表现形式受到总体设计的影响，根据环境的不同，铺装表现出的风格各异，从而造就了苏州古典园林变化丰富、形式多样的铺装（图 4-55）。

2.苏州古典园林铺装艺术表现要素

苏州古典园林铺装的表现形式多样，但万变不离其宗，主要通过色彩、形状、质感和尺度四个要素的组合产生变化。

（1）色彩。苏州古典园林的铺装一般作为空间的背景，除特殊情况外，很少成为主景，所以其色彩常以中性色为基调，以少量偏暖或偏冷的色彩做装饰性花纹，做到稳定而不沉闷，鲜明而不俗气。如果色彩过于鲜艳，可能会影响主景的地位，

图 4-54 拙政园

图 4-55 怡园（一）

图 4-56 怡园（二）

图 4-57 拙政园一角

甚至造成园林景观杂乱无序。

苏州古典园林铺装中，暖色调热烈、兴奋，冷色调优雅、明快；明朗的色调使人轻松愉快，灰暗的色调则更为沉稳宁静（图 4-56）。铺装的色彩与各个古典园林空间的气氛相互协调（图 4-57）。休息场地宜使用色彩素雅的铺装，灰暗的色调适宜于肃穆的场所，但很容易造成沉闷的气氛，用时要特别小心。

(2) 形状。苏州古典园林铺装的形状是通过平面构成要素中的点、线和形得到表现的。点可以吸引人的视线，成为视觉焦点。在单纯的铺地上，分散布置的点状图案，能够丰富视觉效果，给空间带来活力。线的运用比点效果更强，直线带来安定感，曲线具有流动感，折线和波浪线则具有起伏的动感。

形状本身就是一个图案，不同的形状产生不同的心理感应。方形（包括长方形和正方形）整齐、规矩，具有安定感，方格状的铺装产生静止感，暗示着静态空间的存在（图 4-58）；三角形零碎、尖锐，具有活泼感，如果将三角形进行有规律的组合，也可形成具有统一动势的、指向作用很强的图案（图 4-59）；圆形完美、柔润，是几何形中最优美的图形，水边散铺圆块，会让人联想到水面波纹、水中荷叶。苏州古典园林中还常用一种仿自然纹理的不规则形，如乱石纹、冰裂纹等，使人联想到荒野、乡间，具有自然、朴素感。

在苏州古典园林铺装的设计中，一般通过点、线、形的组合达到实际需要的效

图 4-58　方形铺装

图 4-59　三角形零碎铺装

果。规律排列的点、线和形可产生强烈的节奏感和韵律感，给人一种井井有条的感觉（图 4-60）。形状、大小相同的四边形反复出现的图案显示出有条理的韵律感，同心圆和放射线组成的古典图案，产生韵律感，同时具有极大的向心性。如果点、线、形的组合不遵循一定的规律而采用自由的形式，那么所形成的铺地就变化万千了。不同的铺装图案形成不同的空间感，或精致，或粗犷，或安宁，或热烈，或自然，或人工，对所处的环境产生强烈的影响（图4-61）。

苏州古典园林铺装中有许多图案已成为约定成俗的符号，能给人以种种联想，如波浪让人联想到大海，精致的纹理让人联想到古典文化，或者类似河流的地坪铺装使人联想到水体。

（3）质感。质感是由于感触到素材的结构而产生的材质感。自然面的石板表现出原始的粗犷质感，而光面的地砖透射出的是华丽的精致质感（图 4-62）。利用不同质感的材料组合，其产生的对比效果会使铺装显得生动活泼，尤其是自然材料与人工材料的搭配，往往能使城市中的人造景观体现出自然的氛围。不同的材料有不同的质感，同一材料也可以加工成不同的质感。利用质感不同的同种材料铺地，很容易在变化中求得统一，达到和谐一致的

图 4-60　丁园

图 4-61　耦园

图 4-62　昆曲园林卵石纹样铺装

图 4-63　光滑地面铺装

铺装效果。这一点在苏州古典园林中得到了完美的体现 (图 4-63)。

(4) 尺度。在苏州古典园林中，铺装图案的尺寸与场地大小有密切的关系。大面积铺装应使用大尺度的图案，这有助于表现统一的整体效果，如果图案太小，铺装会显得琐碎。而且，铺装材料的尺寸也影响到其使用的空间。通常大尺寸的花岗岩、抛光砖等板材适宜大空间，而中、小尺寸的地砖和小尺寸的玻璃马赛克，更适用于一些中、小型空间。但就形式意义而言，尺寸的大与小在美感上并没有多大的区别，并非越大越好，有时小尺寸材料铺装形成的肌理效果或拼缝图案往往能产生更多的趣味性，或者利用小尺寸的铺装材料组合成大图案，也可与大空间取得比例上的协调。

3. 苏州古典园林铺装艺术表现方法

(1) 景题联想。中国古典园林的创作追求诗情画意的境界，当客观的自然境域与人的主观情意相互激发、相互交融，达到情与景的统一时产生出园林意境。意境寄于物而又超于物之外，给感受者以余味或遐想。古人在铺装设计时，尽可能发挥

艺术的想象力，通过联想的方式表达园林景区的意境和主题，烘托景区气氛。

①特定符号的运用。同建筑设计中运用符号可以表达某种特定的风格一样，铺装设计中运用符号也能唤起欣赏者的某种共鸣，达到表现地方文化及地域风格的效果。如中国古典园林中的席纹铺地和万字海棠一类的吉祥而富有寓意的图案在长期的使用过程中，形成了某种程式化的风格，被赋予了特殊的含义，极易使人联想到东方文化。而在传统的欧洲铺装中，其严谨的几何纹样和体系化的粗面石工体现了理性的艺术风格，很自然地会引发欣赏者的中世纪欧洲情结。

②绘画形式的运用。用彩绘砖、浮雕、线刻等方法将历史事件、风俗民情、神话传说、特色建筑、自然景观等内容表现在单体铺装块上，然后再组合到地面铺装中去，可以很好地表达主题。在苏州古典园林中这一点体现在很多铺装上面，至今还很有表现意义。

(2) 因境而成。在苏州古典园林中，园路与场地总是从属于某个特定的环境，必须与环境中的其他要素取得风格上的协

图 4-64　与景相融（一）

图 4-65　与景相融（二）

调，因境而成地创造符合空间气氛的铺装，正所谓"非其地而强为其地，非其山而强为其山，即百般精巧，终不相宜"（图4-64、图4-65）。

4. 铺装对苏州古典园林的作用

铺装能完善和限制人们在苏州古典园林中的感受，在满足其所需的实用和美学功能上，起到了尤为重要的作用。

(1) 从功能上来说，铺装保护园林地面不直接受到破坏，使其能适应长期的磨损侵蚀；其次，铺装起到了引导的作用，如地面上被铺成某种线形时，可以指明前进的方向。同时，铺装可以暗示行进的速度和节奏，因为人们行走的速度会随着路面宽窄的变化而变快或者变慢。

(2) 从构图上来说，苏州古典园林的铺装具有统一协调的作用，这是利用铺装设计要素与公共空间因素的相互关联来实现的。同时，铺装还具有构成和增强空间个性的作用，还可以为其他引人注目的景物充当中性背景。

总之，苏州园林铺装为苏州古典园林中的室外环境提供了很强的使用功能和美学功能（图4-66～图4-69）。

图 4-66　苏州园林赏析（一）

图 4-67　苏州园林赏析（二）

图 4-68　苏州园林赏析（三）

图 4-69　苏州园林赏析（四）

思考与练习

1. 人体工程学在景观铺装中的具体表现有哪些？

2. 景观铺装中的韵律具体指什么？

3. 综合叙述景观铺装中的基本技术要求。

4. 简述景观铺装的分类。

5. 列举八种铺装材料。

6. 用图像表示卵石铺装的施工方法。

7. 简述混凝土地面的优缺点。

8. 广东泰康拓荒牛纪念园中值得我们借鉴的铺装设计有哪些？

9. 结合本章内容，分析某一学校操场的铺装，要求绘制剖面图。

第五章

景观铺装设计应用

学习难度：★ ★ ☆ ☆ ☆

重点概念：广场、园林、道路、停车场

<table>
<tr><td rowspan="2">章节
导读</td><td>景观铺装作为人类生存环境中建筑物和其他景观要素的镶嵌底板，可以说应用广泛，从城市景观到旅游景区，凡是有人活动的地方就有景观铺装。从城市广场到街道小巷，从居住小区到私家宅院，景观铺装无处不在。本章节主要从广场、园林、居住区、商业步行街、道路以及停车场的铺装来探讨景观铺装在不同景观环境中的应用（图 5-1）。</td></tr>
</table>

图 5-1　繁华的商业街

第一节
城市广场的铺装

城市广场是城市的精华所在，被誉为"城市的客厅"。自2000多年前古希腊诞生起，城市广场就是人们出行、休憩、交往、集会、观赏、娱乐等活动的重要场所，更是增强、点缀与美化城市公共环境的重要景观。

人们行走在这普通的地面上，可以看到石头、砖块、木材等材质不一的铺装。地面铺装作为景观设计中重要的组成部分，承载着城市广场中多种多样的景观元素，并占有极其重要的比重。为了加强城市广场给使用者的印象，突出空间的特色，城市广场的地面铺装设计就必须用心完成。现在，国内对广场的铺装设计并没有给予足够的重视，国内许多广场的铺装出现尺度不合适、工艺过于粗糙、后期养护不到位等情况。目前最为普遍的一个现象是，随着都市化程度日益加深，城市建蔽率增高，越来越多的广场的规划与建造都逐渐走入了重表面、重尺度的怪圈中，城市广场的设计千篇一律，忽视了城市特定的文化特征。城市广场素有"城市名片"和"城市会客厅"之称，它不仅代表着城市精神，而且还要兼容建筑与环境的关系。因此如何在满足城市广场的基本功能以及表现地域文化的基础上来完成城市广场地面铺装的设计是亟待解决的重要问题。

精心设计广场地面的目的在于强化广场空间的特色魅力、突出广场的性格。因此，广场地面铺装形式、各设计要素的确定应该以广场的性质为前提。城市广场的性质取决于它在城市中的位置与环境、相关主体建筑及其功能等。广场按性质一般可以分为集会广场（政治广场、市政广场、宗教广场等）、纪念广场（陵园广场、陵墓广场等）、交通广场（站前广场等）、商业广场（集市广场等）、娱乐休闲广场（音乐广场、街心广场等）、儿童游戏广场、建筑广场。下面根据广场的性质逐一介绍相关类型的铺装。

一、集会广场的铺装

集会广场是反映城市面貌的重要部位，因而在广场设计时，都要与周围的建筑布局相协调，无论平面、立面、透视感觉、空间组织、色彩和形体对比等，都应起到相互烘托、相互辉映的作用，反映中央广场壮丽的景观（图5-2）。

由于集会广场的主要目的是供群体活动，所以应以硬质铺装为主，可适当点缀绿化和小品。广场的铺装设计应体现庄重、大方的特点。一般采用明度低、纯度高的色系，简单的大尺度构形。为了加强稳重、端庄的整体效果，集会广场的建筑群一般呈对称布局，标志性建筑亦位于轴线上。因此，整个广场的铺装构形亦多采用轴线的设计手法，对轴线的强调使空间具有方向性，形成序列空间，使人容易把握空间。在材料选择上一般采用质感粗糙、无光泽的材料，以给人朴实、庄严、肃穆之感。材料要有足够的抗压强度、良好的稳定性和抗滑能力，具有平整、耐磨、耐久的特点，以满足庆典、游行、检阅等集会活动的要求。集会广场可采用石料板材、水泥混凝

图 5-2 古罗马广场

图 5-3 天安门广场

土板块铺装，但后者的环境艺术功能较差，需对其表面进行装饰处理。为了保证集会广场场地的平坦，在广场的横断面设计中应尽量减小坡度，所以当采用整体性铺装材料时，选择透水性沥青路面会获得非常好的效果，既解决了表面排水的问题，同时又具有良好的吸收噪声和导热功能。

天安门广场是我国最具代表性的政治广场，于 1959 年修建完成，为大尺度、气势恢宏的完全开放空间（图 5-3）。由于 20 世纪 50 年代阅兵时有装甲履带车辆通过，因此广场地面长安街部分采用两种不同的花岗岩条石交替排列铺砌，使广场庄严、美观。而集会部分则采用水泥混凝土砌块按网格排列，以便于集会群众可按坐标组织图案。经历了 40 多个春秋，这种水泥混凝土砌块在抗压、耐磨、防风化等方面的性能都已落后于时代，出现严重老化、损毁。为了迎接建国 50 周年，于 1998 年 10 月开始对广场地面进行大规模整修，将原来的铺地材料全部换成耐磨、抗压的天然花岗岩石材，总铺装面积超过 17 万 m²，石材寿命要求在 50 年以上，确保其外观和功能历经半个世纪不过时。

二、纪念广场的铺装

纪念广场是指常在城市中修建的主要用于纪念某些人物或某一事件的广场，包括陵园广场、陵墓广场等。广场中心或侧面以纪念雕塑、纪念碑、纪念物或纪念性建筑作为标志物，主体标志物位于构图中心（图 5-4）。纪念广场具有深刻、严肃的文化内涵，此类广场铺装的大小尺度、构形设计应该根据纪念主体和整个场地的大小来确定，材料的质感和色彩应确保创造出与主题相一致的环境气氛，多采用象征、暗喻的手法加强整个广场的纪念效果，产生更大社会效益。

南京大屠杀纪念馆的祭奠广场上铺筑了一条长 40m、宽 1.6m 的铜版路，每块铜版都是 40cm 见方，厚 6 ～ 8mm（图 5-5）。每块铜版上都印有一双南京大屠杀幸存者和重要证人的脚印，以及他们亲笔写下的姓名和年龄。这条铜版路上印着 222 双或深或浅、或大或小的脚印，能保存 400 年，径直通向"30 万死难同胞"纪念墙中央，让参观者的心灵受到强烈震撼，让世人永远铭记中国历史上那令人心痛的一刻，有效深化了广场的主题。

图 5-4　英雄广场

图 5-5　南京大屠杀铜版路

122

三、交通广场的铺装

交通广场是城市交通系统的有机组成部分，起集散、联系、过渡及停车作用，并有合理的交通组织。交通广场有两类：一类是城市多交通汇合转换处的广场，如站前广场；另一类是城市多条干道交汇处形成的交通广场。

站前广场可采用不同的地面铺装分隔车流和人流，疏导交通。人流空间和车流空间之间可以通过高差、隔离墩、绿化带等手法加强边界界定，增强安全感。人流集散空间多采用石料板材、混凝土预制砌块等材料铺装，可利用不同的材料、铺装形式划分出进站人流和出站人流通道。也可以利用材料变化，配合绿化，采用下沉的设计手法，分隔出尺度宜人的休息空间。对于车流集散空间，铺装材料必须具有足够的强度、刚度和良好的稳定性、抗滑性，多采用经过表面工艺处理的水泥混凝土板块类材料。应该分别划分出进口、出口、客运、货运车流通道。也就是说，站前广场的铺装设计应该形成合理的路径，以便诱导、疏散交通（图 5-6）。

另一类城市干道交汇形成的交通广场，也就是常说的环岛，一般以圆形为主，由于它往往位于城市的主要轴线上，所以其景观对整个城市风貌的形成影响很大。因此，除了配以适当的绿化外，还应对其进行铺装。铺装构形多采用发射形式，为满足视觉特性，构形应简单，色彩应鲜明，吸引人们注意。可采用石料板材或地面砖等材料（图 5-7）。

四、商业广场的铺装

商业广场一般位于整个商业区主要流线的主要节点上。广场中设置绿化、雕塑、喷泉、座椅等城市小品和娱乐设施，使人们乐在其中。而地面景观铺装设计则让整个广场更具吸引力，不但形成专用的步行空间，美化空间环境，给人以安全感和舒适感，而且能够使空间具有一定的导向性，引导人流向某些设施前行，并使人在空间中能随时确定自己的方位以及自己与目标设施的距离，满足人们心理上对场所感的追求，让人们充分享受"城市客厅"的魅力（图 5-8）。

商业广场的铺装风格应与周围环境协调统一，尺度应符合人体工学，材料质感应光滑细密，突出其精致、高雅、

图 5-6 武昌火车站站前广场

图 5-8 成都某商业广场

图 5-7 上海陆家嘴城市环岛

图 5-9 北京三里屯商业广场

华贵。商业广场一般采用砌块类材料，并利用砌缝解决防滑问题。铺装色彩应多样化，以浅色、明快色和暖色为主，以突出广场繁荣、热烈的商业气氛。商业广场铺装的图案应该多样化，同时要注意远景视效和近景视效，给人以更大的美感。如运用方格式构图可有效改变空间尺寸，运用曲线构图使空间更丰富，更具有活力（图 5-9）。

五、娱乐休闲广场的铺装

传统广场和现代广场均有娱乐和休闲性质，尤其在现代社会中，娱乐休闲广场已成为广大民众最喜爱的户外活动场所（图 5-10）。

对于一些大型娱乐休闲广场的铺装设计，可以先运用轴线的引导、转折、延伸和交织等手段建立空间秩序。为突出主景效果，可将中轴线上的地面铺装与其他地面铺装在色彩、构图、材质上加以区别，在中轴线设置一些景观节点，使景观层次多变，增加广场的向心力、凝聚力。在空间界定方面，可以通过高度、边界、构形、色彩、材质的变化，配合绿化、水景等将广场划分为若干主次分明、大小各异的空间场所，为人们营造放松、休憩、游玩的小空间。每个小空间可以运用重心、符号等手法创造不同的主题，使空间环境尽量丰富，以满足不同年龄、职业、文化层次的人群的需要（图 5-11）。

此外，还可以运用文字、符号、图案

为满足不同人群的需要将广场划分为若干空间，但仍要保证广场空间的整体性。因此，为了避免显得零乱，常采用呼应、对比、统一、重复等设计方法，使整体空间协调统一，且又丰富多彩。

图 5-10　五龙民族文化广场

图 5-11　西湖文化广场

等手法增加空间的文化内涵。将铺地、绿化、水景、雕塑、装饰照明、各类小品等有机配合，精心设计，增强环境的可视性、可读性和可观赏性，体现个性魅力。

六、儿童游戏广场的铺装

儿童是国家的希望和未来，儿童人数占市区总人数的 25% 左右，他们每天在户外的活动率，春秋季为 45%，夏季为 95%，冬季为 30%。儿童游戏广场为儿童提供了户外活动场地，使儿童有自己活动的小天地，有利于儿童的身心健康和智力开发，满足儿童活动与相互交往的心理需求，儿童广场的设置是人民群众生活的基本需求（图 5-12）。

儿童游戏广场的铺装要平坦，不宜有高差变化。纯度过低的颜色会给儿童造成心理上的压抑感，应该多采用纯度较高、明度较高的颜色，如浅黄、浅红、浅蓝、浅绿等，使空间充满清新、明快而活泼的视觉效果。平面构形应活泼、富于变化，采用小尺度设计，可多考虑运用点、曲线、曲面设计构图，符合儿童的心理特点。细部设计方面，可以运用符号、文字、图案等手段，如利用小砌块拼成文字、图案，

或辅以带有动物、植物、卡通人物的彩绘地砖，或运用表面涂敷技术在地面上直接做成各种图案，这些都可以有效增强空间的趣味性与可读性，有利于儿童的智力开发与身心健康。此外，应该充分考虑儿童游戏广场的安全性能，选择硬度小、弹性好、抗滑性好的材料，如橡胶砌块、人工草坪等，以避免儿童玩耍时跌倒受伤（图 5-13）。

七、建筑广场的铺装

对于建筑广场的铺装，应该根据实际情况，结合前面介绍的各类广场的铺装特点综合考虑，精心设计，以满足其各种功能的要求。此外需要强调的是，在广场铺装设计中，广场边缘的铺装处理是非常重要的。广场与其他地界如人行道的交界处，应有较明显的分区，这样可使广场空间更为完整；反之，如果广场边缘不清晰，尤其是广场与道路相邻时，将会使人分不清道路与广场，产生混乱感，如果是与交通性道路相邻时，还会使人产生不安全感。因此，应该明确广场空间与其他空间的边界界定，可以通过改变边界区域的铺装色彩、材质、构形，改变标高，设置隔离桩、

图 5-12　儿童广场

图 5-13　橡胶砌块铺装

路缘石、绿化带等方式强化区域边界，增加场所感（图 5-14）。

案例分析

日本奈良县天理车站广场

该项目旨在振兴当地社区，为社区的居民提供活动场所、休闲设施，并帮助当地传播旅游信息，增强吸引力。该项目覆盖 6000m²，包括自行车租赁区、咖啡厅、商店、信息亭、游乐区、户外舞台和会议室等一系列空间。

设计草图如图 5-15 所示，项目周边

环境如图 5-16 所示。

天理市的周边地区有一些日本旧时代的坟墓，被当地人称为"cofun"。这是当地一个美丽、不容错过的景观，为了将这些景观元素融入城市的日常生活空间（图 5-17），设计师将广场的主要建筑设计为圆形结构，象征该地区特色的地貌景观——地面环山的奈良盆地（图 5-18）。

在建设圆形结构的过程中，披萨形的混凝土预制模具被装配在一起。混凝土预制模具先在工厂中完成，然后再运输到

图 5-14　青岛五四广场

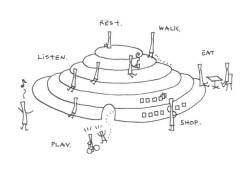

图 5-15　设计草图

图 5-17　景观设计融入当地的文化和地貌特点

图 5-16　项目周边环境

图 5-18　局部鸟瞰图

现场进行装配，这保证了施工结构的精确度（图 5-19）。预制部件的装配采用了桥梁建设中使用的大型起重机，这样可以在不使用柱或梁等结构的情况下创造大型空间。圆形的结构保证了所有方向受力的稳定性，为空间提供了良好的平衡（图 5-20）。

天理车站广场的名称为"CoFuFun"，是日语中"cofun（坟墓）"与"fufun（愉快）"的结合（图 5-21、图 5-22）。广场的设计旨在为游客提供愉快生活的空间（图 5-23、图 5-24）。

图 5-19　圆形建筑结构

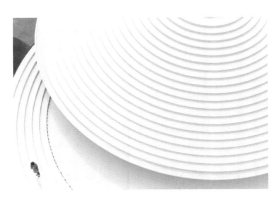

图 5-20　行走在圆盘上

图 5-21 纯净的空间

图 5-23 清晨

图 5-22 孩子们在快乐地玩耍

图 5-24 夜幕

第二节
园林及公园的铺装

现代城市中的风景园林、公园是市民们放松身心、接近大自然的极佳选择，是高楼林立的现代都市中的绿洲，对于保持环境的生态平衡起到不可替代的作用。园林自古有之，而公园的出现则比较晚，因为早期的园林是为统治阶级提供游玩的场所，公园则是面向公众开放的。而不论两者孰先孰后，如今都是人们休闲娱乐的好去处。

一、园林的铺装

园林风景区铺装设计要与周围的环境相协调，符合景区的整体风貌，尽量避免人为痕迹的外露，保持风景区自然生态的

可持续发展。铺装的材料要坚固耐磨，才能承受行人来往步行的荷载，以及风霜雨雪的侵袭破坏等。此外，材料要易于清扫，不起尘土。相对而言，可选择的品种较多，板状或块状的石材、卵石、碎石、混凝土板材或砌块、仿石材、仿木材、彩色沥青路面等都是很好的材料，有利于营造出不同的空间环境氛围。

园林铺装主要指对各种园林道路的铺装，其中园林道路分为主路、支路、小路和园务路等。对于中国古代的自然生态式园林的园路设置，清代金石书画名家、著名学者钱泳（钱梅溪）在他的《履园丛话》中有这样的表述："造园如作诗文，必使曲折有法，前后呼应，最忌堆砌，最忌错杂，方称佳构。"可见，道路的蜿蜒曲折

128

表现的是意境的深邃，是壶中天地的小中见大。"山重水复疑无路，柳暗花明又一村"也是游览园林的一种乐趣。园路根据人流多少以及地理条件的不同，可以随意变化为较宽敞的场地，或者步石、石阶、蹬道、堤岸等。中式古典园林中常有古典建筑点缀其中，园路的铺装须结合建筑环境的氛围设计，形成或古朴自然，或生动活泼，或粗犷朴素的意境。而在图案的构成方面，可以选择具有中国传统特色的纹样，不仅极富韵律感，而且富有文化内涵。现代园林也可借鉴其格调，注重铺装与环境的结合，满足人们亲近自然、享受自然的心理需求（图 5-25）。

二、公园的铺装

现代城市中的公园与园林有所不同，公园不拘一格，面积或大或小，在城市中分布范围较广，是市民接触较多，也较为喜爱的休闲场所。公园的铺装应与公园主题相符：休闲型公园，突出其广泛的接纳性，满足大多数人的生理、心理、审美需求；游乐型公园，突出欢快、热烈的特点，呈现趣味性；纪念型公园，或庄严、肃穆，或宁静、安详（图 5-26）。

案例分析

西班牙巴达洛纳公园

该项目由当地理事会发起，随后由巴塞罗那大都会区域项目和工程处以及相关设计人员共同完成，旨在重新整合、组织巴达洛纳镇中一块三条道路的交叉路口。

巴达洛纳公园建于三条道路交汇的位置（图 5-27），为了能让城市中的绿轴系统有机地联系在一起，项目将已有的斑马线进行整合，并保留了原场地中的树木。项目地面具有很强的连续性，连接各个高程点，同时保证了无障碍的交通流线（图 5-28）。对角线的流线弥合了高程的差异，同时满足在高程边界设立休息空间的要求。

项目增加了城市尺度的舒适性，强调

图 5-26　居住区前小公园

图 5-25　嘉定古猗园

图 5-27　三条路交汇处

图 5-28 无障碍的交通流线

图 5-29 交通空间与景观的结合

了城市绿轴的连续性，将从贝索斯河延伸出的绿色空间与另一侧公园联系起来，使当地的空间尺度更加宜人 (图 5-29)。经过了对城市空间和地块用途的研究，设计团队针对毗邻的小学和学前班儿童对空间进行了优化，为不同年龄段的孩子提供了游乐空间 (图 5-30)。城市家具在场地中提供了坐卧和休息的设施，同时保证了交通流线的顺畅。

设计团队将场地中原有的地形进行了一定程度的调整以适应新的规划。场地中设计的沙丘、草地、攀爬植物和灌木丛会随着季节变化而变换景观效果。一个温和的高差变化定义了游戏空间，一块长条形的草丘上种植了灌木，将繁忙的交通景观与游乐空间隔离开，为玩耍的孩子创造安全的游戏环境 (图 5-31)。预制的混凝土模块弥补了游戏区和道路间的高差，同时可以用作休息的长凳。这种设计用综合的解决方案消除了儿童和大人之间的代际差异 (图 5-32)。

案例分析

湖北十堰园

十堰市位于湖北省西北部，与鄂、豫、

图 5-30 玩具设施

陕、渝四省市交界。四季分明，气候宜人，独特的地理位置，使十堰拥有"南船北马、川陕咽喉、四省通衢"之称。十堰历史悠久，东临"三国"襄阳，南望神农架，西依大巴山，北屏秦岭，汉江自西向东横贯全境。

"武当山""丹江水""汽车城"，这三个显著的历史人文标志，构成了人们对十堰的城市印象 (图 5-33)。十堰园的设计，将武当太极文化、汽车文化、丹江水"堰"文化融于一体 (图 5-34)。走进十堰园，游客将看到人工水景湿地、童趣

图 5-31　草丘增加了安全性

图 5-32　预制混凝土模块弥补高差

花园、汽车雕塑、齿轮喷泉、汉文化走廊、"堰"主题构筑物等多种美丽景观，从地标景观、历史文脉、城市特色、游园体验、科技环保等多个层面，感受十堰的城市魅力。

　　展园的整体设计以及各部分都注重体现三种文化的和谐共生，弧形的"堰"与园区道路形成一个"八卦"动态线条，"堰"文化与太极文化自然交融（图5-35）。"齿轮"作为贯穿园区的小品和主题图案，唤起人们对十堰"汽车城"的时代记忆（图5-36）。

图 5-33　园区休憩广场

图 5-35　随处可见的"堰"文化

图 5-34　太极喷泉池

图 5-36　齿轮小品

第三节
居住区的铺装

近年来，随着社会经济的发展和综合国力的提升，人们的物质和精神生活的需求提高，对住宅建设提出了更高的要求，已从最基本的生理需求、安全需求逐步向高层次的社交需求、休闲需求和审美需求转变。在这种情况下，房地产经营理念也随之发生改变，概念地产开始出现，如景观主题地产、环保主题地产、文化主题地产、休闲主题地产、智能主题地产等，房地产营销也从单纯的楼盘出售更多地转向关注环境和文化，倡导社区新的生活方式。如今，居住区的景观环境越来越受到房地产发展商和居民的重视，同时现代居住区环境景观与传统相比，出现了强调环境景观的共享性、文化性、艺术性等新趋势。这种良好的环境景观在居住区中发挥着重要

作用，居住区良好的环境景观可以直接影响到人们的心理、生理以及精神生活，可以有效地规范人的行为，陶冶人的情操，启迪人的灵感，有利于提高人的素养，促进人与人之间的交往以及传递信息等。

道路是居住区的构成框架，一方面起到了疏导居住区交通、组织居住区空间的功能，另一方面好的道路设计本身也构成居住区的一道亮丽的风景线。居住区道路不能像城市道路那样四通八达，畅通无阻，而应视为居住空间的一部分，不仅关系到居民日常的出行，而且与居民的邻里交往、休闲散步、游戏消遣、认知定位等密切相关。目前国内对居住区道路进行规划时，基于交通集散的思想一般将其分为四个等级，如表5-1所示。

居住区道路对居住区的空间环境具有重要的影响，道路的布置应该充分利用区内的自然状况，结合楼宇分布，借形取势（图5-37）。为了充分体现以人为本的设计思想，居住区道路一般按使用功能划分

表5-1　居住区道路等级和道路宽度标准

等　级	宽　度
居住区级道路	道路红线宽度一般为 20 ～ 30m，车行道一般为 9m，如果考虑通行公交时应增加至 10 ～ 14m，人行道宽度一般在 2 ～ 4m。居住区级道路一般多采用一块板的形式
居住小区级道路	道路红线宽度一般为 10 ～ 14m（根据敷设管线的要求，采暖地区建筑控制线不宜小于 14m，非采暖地区建筑控制线不宜小于 10m），车行道一般为 7 ～ 9m，人行道宽度在 1.5 ～ 2.5m
居住组团级道路	道路红线宽度一般为 5 ～ 7m，大部分情况下居住组团级道路不需要设置专门的人行道
宅间小路	主要用于自行车和人行交通，但要满足垃圾清运、救护、消防、搬运等需求。路面宽度应 ≥ 2.5m

图 5-37　武汉保利心语第 9 期鸟瞰图

图 5-38　保利心语正门

132

为车行和步行两个系统，可以通过不同的路面铺装界定空间。为了减少机动车对居住区环境的影响，车行道路可以有意识地采用曲折的线路，迫使机动车减速，同时又可以丰富街道景观。机动车道路面一般由混凝土、沥青等耐压材料铺装，而随着人们对居住区景观环境的要求越来越高，沥青类整体性景观铺装材料或经过表面处理的水泥混凝土板块类景观铺装材料将会得到广泛应用（图 5-38）。一些车行道也可以采用块石、小方石、混凝土砌块等坚固、耐磨的材料铺装，形成粗糙的道路表面，有效降低车速，提高安全性。

　　居住区人行道的铺装设计过程就是创造一个以人为主体的，一切为人服务的空间的过程。路面铺装应与居住区整体风格相互协调，通过材质、颜色、肌理、图案等的变化创造出富有魅力的路面和场地景观。铺装材料以砌块类材料为主，色彩应生动活泼、富于变化。一个小区可以采用同一组色彩进行设计，同时要注意配合小区的整体格调，这样可以建立一种良好的空间秩序，使人们漫步在人行道上，通过地面铺装色彩的变化即可感知到空间的转换。铺装图案

应充分利用点、线、面的变化，突出方向感与方位感，限定场地界限，不但有利于来访客人辨识定位，也给居民一个清晰的、属于自己的空间领域，使居民对居住的环境产生认同感和归属感。此外铺装图案还强调具有趣味性、可观赏性和小而宜人的尺度，使人们乐在其中，轻松愉快地漫步、交往、嬉戏、观赏景色，享受生活（图 5-39）。

　　宅前小路通常采用石料板材、碎拼石材、块石、拳石、卵石、木砌块等自然材料铺装而成，与取材自然的路牙、路边的块石、休闲座椅、植物配置、灯具、小亭、篱笆、流水等巧妙搭配，可以创造出优美宜人的路径，营造出一种曲径通幽、错落有致、极富创意和个性的景观空间。这种回归自然的景观环境设计，将以自然的材料、传统的韵味、现代的设计手法唤起人们美好的情趣和情感寄托，让人与大自然和谐共处（图 5-40）。

案例分析

阿姆斯特丹火车站居民区

　　阿姆斯特丹城市以西、临靠火车站的一块贫瘠土地被政府开发为新居民区。这个拥有 16 栋居民楼的小区并没有传统的

图 5-39　小区花园道路

图 5-40　小区一角

街道、人行道、停车位、前后花园。设计师挑战常规，将所有的停车位放在地下，在地面建立起一个由草坪、路面、零星树木组成的开放公园（图 5-41、图 5-42）。

设计师希望人们能够在小区中自由自在地漫游，五边形深浅不一的铺装以随机的方式拼成渔网般的联通道路。小区的

西侧是最为宽阔的绿化带（图 5-43）。充满生机的水仙花和刺槐等植物种植在绿地中，点缀着小区。这是一个位于市中心与海港区之间的独特居民区（图 5-44）。

路面铺装采用了不规则的大理石板材，与绿化带自然地结合在一起（图 5-45、图 5-46）。

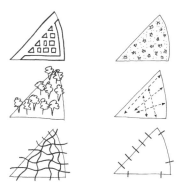

图 5-41　设计草图

图 5-43　绿化带

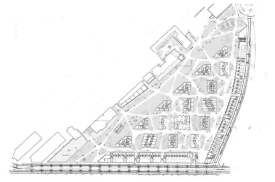

图 5-42　平面图

图 5-44　舒适的环境

图 5-45　路面材料

图 5-46　宅前小路

第四节
商业步行街的铺装

商业街在城市街道中占有一定的比例，在现代城市中占有重要的地位。第一，商业街是社会商品价值实现的重要场所之一，直接影响社会经济的正常运行，体现出地区和城市商品经济发展的水平；第二，商业街是居民购买力实现的重要场所之一，不仅为本市居民提供生活服务，还要接待大量国内外顾客；第三，商业街是城市居民社会交往的重要场所之一，有助于社会的信息传播和交流，促进社区的稳定和团结；第四，商业街是体现城市文化的重要窗口之一，一方面展示城市商业文明的独特传统，一方面又表征城市当代经济生活的面貌和特色。在现代城市中，根据商业街的空间形态，一般可将其分为地上商业街和地下商业街两大类。

一、地上商业街的铺装

地上商业街的铺装根据其建造类型可分为有拱顶型和无拱顶型两类。下面论述它们的地面铺装特点。

1. 无拱顶型

无拱顶型完全步行商业街是最受广大市民欢迎的步行空间之一（图 5-47）。目前，我国此类商业街往往是选择传统商业街进行改造，成为新的步行街，把原来商业街上的车行交通移到附近的城市道路上，使步行的环境要求与交通方便要求都能得到保证。铺装色彩要注意与建筑相协调，由于各家店铺立面设计五花八门，因此可以采用有统一感的主色调铺装强化街道景观的连续性和整体性。而细部色彩设计要亮丽、富于变化、生动活泼，以体现商业街生机勃勃的繁荣景象。

流动空间是组成步行环境的主要骨架，是铺装设计的主体部分，应产生一种节奏感来引导人流，而最简单的节奏就是不断重复。集散空间是在步行街出入口或大型商业服务、娱乐休憩设施附近处为人流进出、交汇服务的空间。在步行街的出入口可以以地面铺装的方式设置地标，暗示商业街的起始位置。

景观铺装设计是步行商业街设计中非常重要的一个方面，采用不同的手法进行铺装设计可以有效改善商业街的环境，使

图 5-47 武汉楚河汉街

图 5-48 杭州步行街

其更具人情味和魅力特色。总体来说，无拱顶型步行商业街的铺装要求是安全、舒适、亲切，具有方位感、方向感、文化感、历史感和特色感（图 5-48）。

2. 有拱顶型

有拱顶的步行商业街是采用玻璃拱廊将街道覆盖起来，既可使人们享受室外空间的开阔感和充足的阳光，又带有很多室内空间的特征，如噪声小、私密性好、安全、干净。这种步行商业街介于室内空间和室外空间之间，铺装设计必须注意这一点。由于其他界面功能更为重要，地面铺装宜简洁、明快，衬托出空间气氛。多采用明度高、纯度低的浅色调，色彩搭配不应过杂，简单明了为好。因为不会受到雨雪天气的影响，可以应用表面质感光滑的材料，以突出商业街的华贵气氛。在路口、转弯等处可以设置地面标志来引导人流。有些大型的带拱顶步行商业街还会将树木、花草和流水引入其中，可以对这部分地面进行精致的细部设计，为游人营造一种舒适、宜人的休息空间。

有拱顶的步行商业街一般采用一块板的断面形式，两侧留有较宽的人行道。为了确保平时机动交通的正常运行，车行道的路面铺装要满足道路面层的技术要求，为突出商业街的繁华气氛，可采用彩色沥青路面设计，但不宜采用较浓烈的色彩，应衬托和强调两侧的人行道与建筑立面设计。人行道铺装的色彩选择应注意与两侧建筑相协调，可采用较为醒目的主色调来强化商业街的连续性和整体性。多采用表面质感粗糙、抗滑性好的砌块材料进行铺装。

对于这种商业街的铺装，可以采用一种统一的颜色、材料铺设公交专用道，固定线路，使其不妨碍行人。也可以利用高差、边界处理限定划分出行人活动空间。还可以不划分空间，而在整条街道采用块石、小方石进行铺装，从而大大降低公交车车速，提高安全性，让行人随心所欲、自由自在地休闲购物。这种铺装在欧洲的一些城市较为常见，配合街道两侧古老的砖石建筑，蕴含着一种传统的文化气息，达到完美的和谐和统一（图 5-49）。

二、地下商业街的铺装

由于地下商业街缺少与外界地面人工环境和自然环境的联系，人们对地下商业街的主观评价只取决于其内部环境

小贴士

玻璃采光顶需要注意的问题

玻璃采光顶最大的问题是保温隔热性能差，如果室内外温差大，容易产生冷凝水。这个问题常见的解决办法有三种。

1. 采用双层玻璃，改善保温隔热的性能。

2. 做好玻璃采光顶的坡度和弧度设计，并组织完善的排水系统。

3. 在玻璃下面的墙体上留通风缝或孔，让外面的冷空气渗入室内，以减小室内外温差。

经过以上处理，在玻璃下面就难以形成凝结水，而且可以改善室内的空气质量，但要损失一些能源。

图 5-49　埃马努埃莱二世长廊

的优劣，这将最终影响到地下商业街的使用价值和综合效益，因此地下商业街内部环境设计的要求更高。地下商业街的地面铺装设计应该力求创造安全感、舒适感、整体感、宽敞感以及方向感（图5-50）。

地下商业街地面铺装要平整，铺装材料应具有防滑、耐磨、防潮、防火、易清洁的特点，多采用水磨石或地面砖铺砌。由于在地下商业街中，丰富多彩的店面和花色繁多的商品占有重要位置，因此地面设计应注意保持统一的格调和色调，简洁、明快，以强化空间的整体感，创造出轻松、舒适的氛围。一般采用明亮淡雅的暖色调，既可以带给人们温暖、干燥的心理感受，又会使空间显得更大、更宽敞。而采用单色铺装时，为避免单调感，可在大面积单色的基础上加一些异色连续性的富有韵律感的图案。例如，重复的方格形图案可以增强空间的整体感与稳定感。又如，斜线的动态和运动感能够引起人们的注意，运用斜向图案有助于强化空间的宽敞感，而运用彩绘地砖则可以提高观赏价值，丰富视觉感受，而且两者都可以给人以方向感，能够对人流起到导向的作用。

对这些休息空间的地面铺装要进行精心的设计。例如，可以运用天然材料，如卵石、木砌块、不规则石料等材料与流水、植物等自然要素相配合，营造出一个充满自然气息的温暖、舒适的休息空间，给人们留下深刻印象，吸引人们停留欣赏，甚至该休息空间还会成为整个地下商业街的一个重要标志（图5-51）。

图 5-50　地下商业街（一）

图 5-51　地下商业街（二）

小贴士

商业街实例

1. 法国巴黎香榭丽舍大街改造

巴黎的香榭丽舍大街是一条享有盛名的街道，虽然严格意义上它算不上是步行商业街，但是，法国政府通过改造，恢复了它之前的"世界最美的散步场所"的美名。新拓宽的人行道路面全都采用简洁、连续的花岗石铺装，这也统一了街道中各种不规则的要素，如路面的高差、通往车库的斜坡等。人行道用浅灰色花岗石铺设，中间嵌有深色花岗石以装饰,简约而高雅的新铺地改变了城市空间的面貌,给城市带来了新气象,提高了城市的品位。香榭丽舍大街两侧的人行道总面积达到 47300m²。

2. 美国洛杉矶环球影城商业步行街

美国洛杉矶拥有全球著名的好莱坞影城,当地政府为了给地区提供就业岗位、娱乐以及相应的服务,开发了环球影城商业步行街项目。步行街最大的特点在于用一条弯曲的步行街道将环境中的一切联结起来。而它的地面铺装也很有特点。从西侧进入步行街,马上就可以到达由拱顶覆盖的圆形街心广场,拱顶使得加州的烈日变得柔和。石材铺砌的广场内暗藏了数百个喷水孔,在计算机的控制下,喷水孔的水时而跳跃,时而涓涓溢出,展示出不同的景观,给炎热的加州带来凉意。整个街景设计色彩斑斓,标牌和霓虹灯林立,营造出热烈的商业气氛。

案例分析

成都远洋太古里

成都远洋太古里项目,是当代都市中心的新型发展形态,并非传统意义上的城市综合体或商业中心。从设计的角度看,计划所触及的核心问题,关乎城市及其建筑的未来——我们究竟需要什么样的理想城市,承载什么样的城市生活,在城市演进的新旧交叠的过程中,又如何引导都市更新和城市的可持续发展。

好的城市皆具有浓缩城市性格的都市中心,这类都市中心是城市的剪影和多功能的混合社区,体现宜居城市的核心价值,比如伦敦的高云花园、纽约的格林威治村、东京的代官山、台北的富锦街。远洋太古里项目所处的成都大慈寺片区,因为其场地的规模、位置、历史渊源,具有极大的潜力,可能发展成为成都独具魅力的城市中心(图5-52、图5-53)。

面对都市中心的创建议题,在成都远洋太古里长达七年的设计探索中,设计团

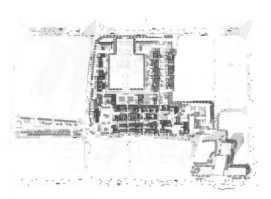

图 5-52 平面图

图 5-53 手绘效果图

图 5-54 模型全景

图 5-55 模型内部

队希望跳出单一都市建筑的思维，而是从都市更新和公共空间创建的角度，落实更具开放性、包容性、公共性和聚落特质的都市计划，并尝试体现可持续都市的诸多发展要义，整合性地思考集约城市、营商模式、适行城市、多元化混合发展、公共与共享参与空间、慢活社区、文化遗产的保育和活化利用、创意街区、地域场所感这些因素（图 5-54）。设计之道，简单地说，是把公众生活的空间、文化历史的资产、公园般的环境，升华为街巷的氛围，

并转化为营商和地区经济活跃的机遇，对可持续发展的都市更新具有启示意义（图 5-55）。

设计过程的关键方法，在于从社会互动、经济活力和环境共创的综合角度，赋予脉络、创造情景、重组价值、分享串联（图 5-56）。所以这样的项目，可创建更属于人、自然与社会的绿色都市建筑，同时优化都市公众环境和毗邻的公共空间，重新确立中国都市中心的形象和定位，致力推广区内的本土特色，把现有的历史和文

图 5-56 建筑内部铺装

(a)　　　　　　　　　　　　(b)

图 5-57　商业街道

化传统结合成现代而可持续发展的环境，以吸引社区居民、游客，促进商业发展等（图 5-57）。

第五节
城市道路的铺装

城市道路是城市社会活动、经济活动的纽带，对城市经济的发展和人民生活水平的提高起着十分重要的作用。城市道路是全面反映城市形象的窗口，也是铺装应用面积最大的一种类型，其宽度、色彩、图案都直接影响着行人及车辆驾乘人员的感觉。作为城市整体环境的组成部分，城市街道与建筑立面一起构成城市的街道景观。城市道路的铺装主要分为车行道路的铺装与步行道路的铺装。

一、车行道路的铺装

车行道路主要满足城市快速交通的需要，是城市发展的主动脉。车行道路的铺装主要突出其功能性要求：道路完好率高，有足够的强度、稳定性，耐磨损，平整度好，有一定的粗糙度，易清洁等（图 5-58）。

城市车行道路主要有沥青类路面、混凝土路面、石材铺筑路面等。沥青路面的使用质量和耐久性都很高，表面平整且无接缝，具有一定的弹性，行车舒适性较高，振动小、噪声低，养护简便，反光率低，应用十分广泛（图 5-59）。而且随着彩色沥青等的出现，沥青路面一改往日单调的黑灰色，可以有多种色彩，使得道路景观有较多的变化。水泥混凝土相对而言，具有强度高、抗弯抗压性强、耐磨、热稳定性好等特点，也可以做成彩色混凝土路面，且不存在沥青路面的老化问题。但是水泥混凝土施工、养护时间较长，有接缝，修复起来比较困难。在欧洲，石材可以用于车行道路的铺装，强度很高，耐久性好。但在中国，由于石材造价较高，一般不用于专门的车行道路，但可用于半步行商业街和公交通

图 5-58　夜晚高架桥

图 5-59　沥青铺装

141

行商业步行街的铺装。

二、步行道路的铺装

步行道路主要指供行人通行或用于集散人流，并限制机动车行驶的城市道路（图5-60）。步行道路一般设于车行道路的两侧，它的铺装对于保障行人的出行安全起着十分重要的作用。同时，由于步行道路和行人的关系十分密切，其铺装的质量直接影响到行人对城市道路状况的总体感觉。步行道路是一个方便行走、保障行人安全的硬质界面，因此必须具有一定的强度、弹性、耐磨性、防滑性、舒适性，而且应当较为美观、整洁、易清扫、便于排水，即使在恶劣的天气环境下也不至于发生危险。步行道路的铺装要采用一定的图案、

与周围环境相融合的色彩、合适的比例和尺度，有明确的界限，甚至可以用护栏、隔离墩与车行道路分开，避免人车混行。

步行道路的类型主要有交通型和生活型两种。其中，交通型步行道路车流量大，承载城市主要的快速交通，行人较少，大部分都是快速通过的，可观赏的只是周围的建筑立面，街道景观的观赏者应主要位于行进的车辆中而非步行者。因此，其步行道路的铺装图案不可过于复杂，色彩应素淡，不致吸引过多的行人驻足观看。一般采用砌块铺装，块材之间留有较大的沟缝，产生不太宜人的大尺度，重复的简单图案构形使道路有强烈的动感，不宜停留（图5-61）。生活型步行道路主要服务于

图 5-60　彩色人行道

图 5-61　路边步行道

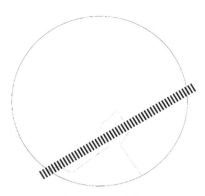

图 5-62　平面图

图 5-63　鸟瞰图

142

城市居民日常生活性外出，包括购物、休闲、交往，以步行及自行车为主，可以直接通向居民前往的服务性的建筑或居住建筑。因此生活型步行道路的铺装要有更加细致的设计，除了满足最基本的功能需要之外，其尺度可以相对较小，颜色可以更加丰富，材质变化较多。总之，要做到以人为本，满足人们各个方面的需求。人性化的步行空间充分体现对人的尊重，促进人们的社会交往，创造充满活力的城市生活，这是现代城市景观铺装设计的最终目的。

案例分析

西班牙人行道项目

这是 2013 年在西班牙临时安装的一个人行道项目（图 5-62）。该项目位于一个景观大水池之上，当年这个建成时白得发亮的大水池在流水的冲刷下早已变成大地色，不过它的边界依然牢不可破，划分出水池内与水池外的界限，即便在水池的水排干时，这道界限也依然清晰。而横贯其上的人行横道重新定义了这个空间的边界，打破水池的边，吸引人们进入水池的空间内（图 5-63）。

简简单单的平面化斑马线具备巨大的多维激发效应，不再让人们仅仅观赏这个水池，而是以更加积极地方式利用这片水景（图 5-64），行走，滑冰，跑，跳，玩杂技，蹚水……从这里到海边行走的距离更短，而且这条路还充满了可能性和想象力（图 5-65）。

图 5-64　水池的水注满

图 5-65　孩子在人行道翻滚

图 5-66　人们在这个空间中融洽相处

这个项目的改造策略让城市公共空间发生质变，触发空间与人们进行互动，以俏皮、欢乐的方式为城市空间带来了新的可能性（图 5-66）。

第六节
停车场的铺装

停车场应结合城市规划布局和交通道路的组织来布置（图 5-67）。大型公共建筑周围以及公交车终点站等都需要布置一定面积的停车场，公共广场上也需要根据使用情况适当设置停车场地，居住区周围有时需设置昼夜停车场。总体来说，停车场的铺装要求较为平整，但是相对于城市道路而言，又有所不同。停车场属于开放的公共空间，也可以反映出一个城市的面貌和文明程度，不可小视，应当着重强调其功能美。其铺装材料可以采用厚的连锁式混凝土砌块，具有较强的承载力。另外，透水性沥青、透水性混凝土，由于其较好的抵抗变形能力，也是很好的选择。良好

的交通流线组织，是停车场铺装功能美的最好体现，应利用不同的铺装处理区分进口通道和出口通道，避免进出车辆的交叉。

另外，停车场的地面经常会人为地划分出一些停车位，这种情况下不一定要用涂料或油漆，可以在地面铺装的时候选择与周围铺装材质或者颜色不同的材料预先划分，这样会使地面更有变化。德国德雷斯顿的某处道路采用的是砌块铺装，将金属圆点有规则地镶嵌在道路上，既分隔了车行道与停车区域，又界定了停车位，巧妙地实现了空间功能的转变，也是值得借鉴的一种铺装方式。

在停车、调头不受影响的前提下，适当种植一些能产生浓荫的高大乔木，如杂交鹅掌楸、棕榈、黄山栾树、北美枫香、珊瑚朴等，可以避免停车场受到暴晒，并且能降低环境温度，调节小气候。

小面积非昼夜服务的停车场可以考虑进行嵌草式铺装。具体做法是，采用渗水垫层结构，即在素土夯实层上铺设 150mm 的碎砖层，在此基础上铺设

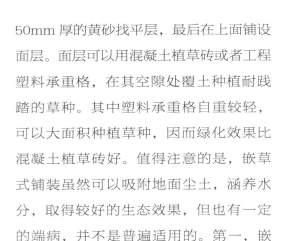

图 5-67　停车场鸟瞰图

图 5-68　嵌草式停车场

50mm 厚的黄砂找平层，最后在上面铺设面层。面层可以用混凝土植草砖或者工程塑料承重格，在其空隙处覆土种植耐践踏的草种。其中塑料承重格自重较轻，可以大面积种植草种，因而绿化效果比混凝土植草砖好。值得注意的是，嵌草式铺装虽然可以吸附地面尘土，涵养水分，取得较好的生态效果，但也有一定的端病，并不是普遍适用的。第一，嵌草式铺装的整体性不强，如果停车场的车辆长期停放，会由于局部过度受压而产生平整度不好的问题，影响使用。第二，如果是昼夜服务的停车场，停放车辆周围的植物由于长期受压或者接受不到阳光，很容易衰败，景观效果反而不好。第三，草种的选择也应当慎重，既要耐磨、耐压，又要便于保养、维护，不能任其肆意疯长 (图 5-68)。

小贴士

岸线道路的铺装可利用高差处理将车行道、人行道、亲水平台等区域布置在几个不同的层面上，既可以保证各类道路的功能性得到满足，还可以使各个区域界限明确，不受彼此的影响，突出景观层次。至于具体色彩、图案的设计则应当根据具体的环境，设计出富有水岸特点，体现城市自身历史、地理环境特征的景观铺装方案，以此来突显城市的与众不同之处。

案例分析

西班牙树形结构停车场

该项目位于马德里的弗朗西斯科·维多利亚大学与帕尔多森林附近，植被种类丰富，自然环境优美。设计希望可以保留整体的环境氛围，将停车场创造成校园和自然的综合体 (图 5-69、图 5-70)。

停车场的沥青路面设计往往会消除过往的一切痕迹，让环境显得毫无生机。但在这个项目中，设计师优化了车位设计，为原有树木留下了足够的空间，并且以此为基础设置了连接停车场和校园

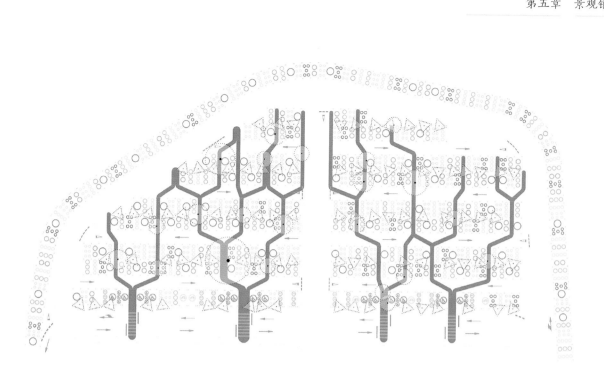

图 5-69 总平面图

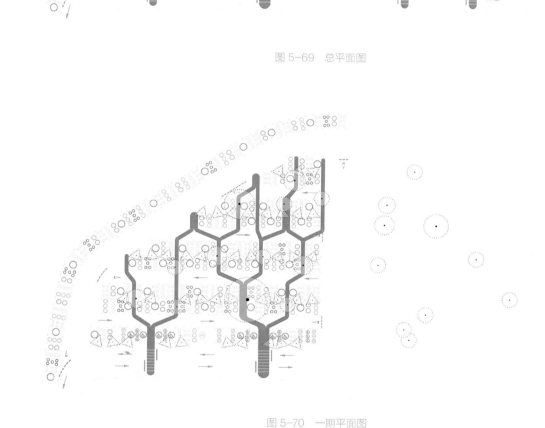

图 5-70 一期平面图

的人行道路 (图 5-71、图 5-72)。步道的
尺度由预计的人流量决定，形成了一个
新的树形道路系统，整体外观与自然融
为一体。

车位上标有不同大小和颜色的圆圈，
象征树木，与周边的自然环境建立起图像
上的联系，为停车场增添了几分个性（图
5-73、图 5-74、图 5-75)。

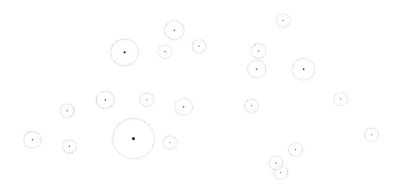

图 5-71　原有树木分布

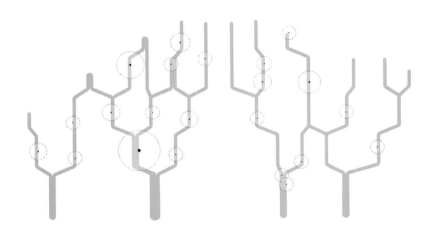

图 5-72　人行道路路线

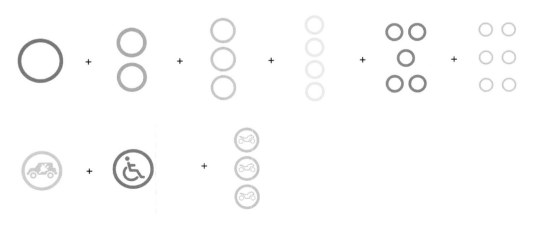

图 5-73　停车位图解

图 5-74 俯视图

图 5-75 停车场局部视觉效果

思考与练习

1. 简述城市广场的作用。

2. 园林与公园的差别是什么?

3. 居住区的道路分为几级?

4. 居住区的铺装需要注意的问题是什么?

5. 商业步行街的不同类型各有什么优缺点。

6. 道路拥堵的原因有哪些?

7. 判断:停车场的作用是停车,所以不需要美化。

8. 利用课余时间,到所在城市的商业步行街进行调研,总结某一步行街的优势和不足。

第六章
景观铺装发展趋势

学习难度：★ ☆ ☆ ☆ ☆

重点概念：框架、地域性、发展

**章节
导读** | 本章将对前面所学的内容进行框架整理，探讨景观铺装对城市未来发展的影响（图6-1）。

图6-1 未来城市构想

第一节
设计结构框架

在前几章中，我们系统地研究了景观铺装的功能特性、设计原则和设计要素，并对材料施工进行了详细的介绍，阐述了景观铺装在不同场景的应用等等。结合所学知识，我们可以构建出如下框架（图6-2、图6-3）。

图6-2　景观铺装功能结构框架图

图6-3　景观铺装设计结构框架图

第二节
景观铺装与城市形象

在进行城市景观铺装设计的时候，我们必须充分尊重和关注城市的历史，因为历史具有延续性。杰弗里·斯科在《人文主义建筑学：情趣史的研究》中这样写道："历史过去的光辉，以及浪漫主义对它的崇拜，十分自然地被延伸到各个细节，而正是在这些细节之中往往保存了过去。"正是历史的积淀和长期的千锤百炼，我们才会从北京紫禁城、天坛和江南小镇的街巷（图6-4），以及圣彼得大教堂的广场等

这些经典作品的精妙细节中体味到其中传递出来的历史信息（图6-5）。一个城市如果没有了历史，那么它将是苍白的、缺少个性的，甚至是没有文化的。现代的景观铺装设计虽然立足当代，却也不能无视历史。铺装必须与环境相结合，而环境是在历史发展中逐渐形成的。

景观环境是交流和沟通的媒介，展现着明确与不明确的符号，这些符号会传达给我们一些确定的信息和含义，是一个公共区域可以辨识的标志。许多符号都与人们内心深处的情感契合起来，这些象征符号是特定的文化产物，有的象征符号还代表了国家、地区、自然和历史等（图

图 6-4 中国乌镇

图 6-6 丘吉尔庄园花坛

图 6-5 意大利马纳罗拉

图 6-7 丘吉尔庄园广场

6-6、图 6-7)。一个成功的景观环境设计应该表现城市的文化，使人们了解历史、社会，以及其中所包含的时间和空间的变化，景观设计应把当地的文化信息准确地表达出来。

然而，欧美景观设计之风已经影响了中国的大江南北，当许多普通人还不了解中国传统的景观设计风格时，就已经淹没在来势汹汹的欧美风格中。一些决策者担心自己管理的城市景观环境建设在现代化的过程中落伍，盲目崇拜外国设计师，导致中国许多城市在对待外国设计师的作品时良莠不分，全盘接收。

在推崇欧美景观设计风格的浪潮中，具有中华民族传统审美精神的样式被取代，欧美景观设计的语汇成为当下中国景观环境中随处可见的符号。甚至，有人还产生了本土文化的自卑心理。这种情形在我国当前的设计领域中表现得尤为明显，设计人员盲目地抄袭拼凑，急功近利地满足市场的需要，很少有作品能真正具有自己的个性（图 6-8、图 6-9）。

景观环境是一种具有实用性和艺术性的客观存在，它存在于特定地区的自然环境和社会环境中。这些自然要素和社会要素也必然会对景观环境的艺术形态加以限定，形成独具特质的乡土景观设计文化。因此，景观设计作为一种文化而具有地域性，它应该反映出不同地区的风俗人情、地貌特征、气候等自然条件的差异，以及

图 6-8　中国失败建筑之一天石舫

图 6-9　突兀的建筑

异质的文化内涵。

在全球化的作用之下，中国本土的城市文化显然也已被深深地打上了全球化的印记，并出现外来文化、传统文化、前现代文化、现代文化、后现代文化并存的格局。因此，面对当前国内景观设计领域较为混乱的局面，重新提出地区主义设计和设计本土化的概念是有意义的，而且是必要的。所以，作为设计师，不但应该研究世界各地建筑文化、地区建筑文化，而且应该在设计创作实践中自觉地、有目的地追求地域特色、民族文化，继承并发展地区文化。

运用城市历史建筑的符号表现城市的历史延续性，是铺装设计的一种常用的手法。例如南京的汉中门广场，铺装图案采用方格的形式，隐喻了中国古代城市的方格网道路布局模式。铺装的材料选择、图案形式、铺砌方法都可以与城市的既有传统相结合，与当地的地形、气候、生活习俗紧密地结合起来，这样就在无形之中将当地的文化、人文环境融入园林景观设计，使城市的文化得到更好的发扬。

城市的形象是由众多的元素构成的，是一个城市区别于其他地方的特点。我们希望看到的是多元化的、丰富多彩的世界。城市设计者应当努力挖掘自身独有的文化内涵，用设计语言将其表现在城市设计的方方面面，从而创造出独具特色的城市景观，提升城市品位（图6-10、图6-11）。

图 6-10　创意景观铺装（一）

图 6-11　创意景观铺装（二）

值得一提的是澳门的铺装，其整体风格与城市形象有着密不可分的关系，十分具有特色（图6-12）。由于其特殊的历史发展状况，澳门的城市景观表现出明显的中西方文化交融的特色，其铺装形式也受到了葡萄牙传统的影响。澳门城市中的建筑色彩和地面铺装，与优美秀丽的自然环境相映成趣，使整个城市充满了海的回忆与韵味，洋溢着浓郁的欧洲风情。

在澳门，一些具有历史价值的欧式建筑的周围，大多采用波浪形的传统葡萄牙铺路石铺装，例如议事亭前地、板樟堂前地、岗顶前地、妈阁庙前地都采用这种风格的铺装。地面上的波纹形图案，线条流畅，色彩对比强烈，会使人联想到葡萄牙航海者的亚洲海上之行。这种路面铺装方式来自葡萄牙，是从庞巴尔建筑风格出现后开始盛行的。在葡萄牙所有的城镇中，人行道和广场都用表面呈平行六面体的黑、白色雪花岩或石灰岩碎石块拼成，其图案有几何图形，也有象形图案，并多以与海相关的事物作为装饰母体，带给人海的记忆和联想（图6-13）。

这种独特的铺地艺术为城市大面积空

地的装饰增添了美丽的色彩。波浪形铺装散布在城市各地，为城市景观的底界面增色不少，其样式大同小异，但色彩多有不同。市政广场是澳门城市中心最宽阔的一处休憩广场，它不仅是澳门最重要的旅游区，还是澳门市民开展各种休闲和文娱活动的重要场所，其地面铺装色彩采用黑白对比，给人心灵以强烈震撼（图6-14）。而在疯堂附近，也就是疯堂斜巷一带，采用波浪形铺装，色彩上则多为灰红色，对比相对柔和。澳门城市景观道路的铺装在满足实用性和审美性的同时，还反映了地域文化的特征。在白鸽巢公园中，我们可以看到地面上铺有黑色的葡国魂画面，给人行道注入色彩斑斓的文化内涵，人行走其中，低头移目也是一种享受（图6-15）。

城市景观环境设计中的铺装越来越受到人们的重视，不仅因为景观铺装是距离人们最近的设施之一，也是由于它是城市空间中的底界面，与周围的建筑一起构成完整的城市环境，影响人们对城市形象的感受。未来景观铺装的设计正朝着生态化、人性化、整体化的方向

图6-12 澳门商业街

图6-13 葡萄牙光复广场

图 6-14　澳门市政广场

图 6-15　白鸽巢公园

154

发展，同时，作为人文生态的组成部分，景观铺装应当尊重城市的历史，突显城市的整体形象特征，最终成为城市景观的有机组成部分。

第三节
案 例 分 析

一、云南腾冲云峰山温泉度假村

云南腾冲的西北部群山环绕，云雾缭绕，在数不尽的大小山峦中，道教名山云峰山默默伫立其中（图 6-16）。而东边的山脚下是因"神山"而得名的云峰山温泉度假村，建筑顺着山势层层叠叠、缓缓下降，如同跟随神山的气息降临人间（图 6-17）。

设计大师在腾冲云峰山这片幽兰山谷中，依据著名的负建筑理论，设计打造了一片宛若从土地上生长出来的建筑群——石头纪。整个酒店设计感超强，融于万亩森林公园，使得所有的别墅庭院均沉浸在云雾袅袅、清静空灵的景致之中。来自附近采石场的颜色深浅不一的石板组合在一

图 6-16　总平面图

图 6-17 与云峰山融为一体

图 6-18 石板铺装统一又富有个性

起，置于建筑的墙面、屋顶和花园的铺地中，这种景观铺装整体统一却又丰富多样，在沉默中向人们传达着大地的力量(图6-18)。

不同颜色的石板在不同的场景中扮演着不同的角色(图6-19)，烘托着不同的气氛，也为旅客指引方向(图6-20)。

二、澳大利亚堪培拉宪法大道林荫景观

就像巴黎的香榭丽舍大道和华盛顿的宾夕法尼亚大道一样，堪培拉的宪法大道也是让人们叹为观止的林荫大道景观。

这处城市路网中最引人注目的区域是林荫大道，也被称为宪法大道(图6-21)。街道的建设效仿了世界上最大的林荫大道，将承载城市中密度最高的商业区和住宅区的基础交通。同时，附近的娱乐和文化建筑区域也会在这个大道旁选址建设(图6-22)。大道上的各类植物丰富了街道的景观(图6-23、图6-24)。

作为一个衡量城市尺度的项目，这个大道具有彻底改变堪培拉生活方式的潜力：改善步行体验和驾驶舒适度(图6-25)，包括承载高容量的过境交通(图6-26)，同时良好的居住环境可以提高市民的公民素质并改变堪培拉市中心的运作方式(图6-27、图6-28)。

图 6-19 水台上

图 6-20 围墙中

图 6-21　街道全景

图 6-25　改善市民步行体验

图 6-22　街道两旁的基础设施

图 6-26　有承载高密度过境交通的潜力

图 6-23　街道景观（一）

图 6-27　铺装细节

图 6-24　街道景观（二）

图 6-28　夜间的宪法大道

三、湖北咸宁园

咸宁为湖北省地级市，素有"湖北南大门"之称，是武汉城市圈的成员城市之一。咸宁市有悠久的楠竹栽培历史，素称"楠竹之乡"。全市现有楠竹林146.9万亩，立竹量达2.2亿株，年产商品竹2000万支，居全国商品楠竹主产区第七位。楠竹产业已经成为全市经济发展的重要产业，且发展势头强劲。

作为湖北的"南大门"，咸宁有着深厚的历史文化底蕴，在2015年的第十届中国（武汉）国际园林博览会上，咸宁园将重点突出"桂花之乡"的特色，打造风格独特的市州展园。展园的整体设计充分体现了"海绵城市"等生态环保的发展理念。

咸宁竹文化传统包括两个方面：一方面是物质的、自然的，包括竹子种植、加工、利用成果等内容（图6-29）；一方面是精神的、人文的，包括民俗民风、民间文艺（如竹韵凌云的竹工艺品、竹雕产品等）、文艺创作（现代人物雕刻、古代仕女图）等方面（图6-30)。

我们常见的竹制铺装多采用的是经过加工的竹木地板（图6-31），而在咸宁园，则采用了未加工的竹条排列的铺装方式（图6-32、图6-33）。这种铺装具有地方特色，也就是我们所说的地域性。

图6-30　簸箕画

图6-31　竹木地板

图6-32　竹路

图6-29　竹屋

图6-33　竹桥

四、万科天荟展示区

如今的城市空间大多处于社区封闭管理化的布局，一个片区往往被大量的楼盘割裂。实际上楼盘的所谓公共活动空间其实是购买该楼盘的业主的共有私人空间。楼盘看似占据了集中的土地资源，却导致整体区域的公共设施、交通、街区形象的割裂。而楼盘空间，由于场地面积和建筑空间的限制，导致了大量的功能重复与单一，无形中割裂了各区域人员的活动交往。并由于场地使用时间段过于集中，产生了大量空闲时段场地。

万科天荟展示区是基于前一项目展示区空间的旧址改造项目，毗邻成都东郊记忆，该项目旨在打造一个城市共同体，而本区域承接着空间初始的节点（图6-34、图6-35）。对此，设计师们想迫切做出一些新的尝试，突破该区域的建筑设计，既实现一定的社会价值，也注入景观的人文情感。试图让周边更多的市民参与其中，而不是单纯地限于自身使用。于是，设计师将小尺度的互动空间、花园、座椅等公共元素皆纳入其中。

设计师想要创造一种小型舞台式的活动区域，活泼的装置艺术墙配合木质平台以及地面上的喷泉，将该空间塑造成为周边社区使用频率最高的中心区域（图6-36）。有趣的装置艺术品成为小朋友的玩乐中心（图6-37），木质的台阶休息平台既是休闲空间，又是舞台空间（图6-38）。此外，其他广场也从公共休闲功能的角度出发，在功能上保持一致，感受上界限分明，但在视觉上

图6-34 展示区概貌（一）

图6-36 艺术景观广场

图6-35 展示区概貌（二）

图6-37 艺术装置墙

又呈现整片区域的连续性。每个区域都可以成为单独的公共休息空间，也可以成为社区小型活动的场所（图6-39）。

该展示区基于项目周边社区活动而建，既实现项目展示功能，也为市民提供公共休闲场所，为社区带来新的活动体验（图6-40）。白天，这里是周边商务办公人群的放松空间、午休的"袖珍花园"（图6-41）；晚上，绚丽的灯光点亮，成为周边居民的社区活动广场（图6-42），漫步在尺度舒适的广场，感受着光与空间的交互，展示区的来访者都会在这片公共空间里感受到一种全新的体验（图6-43）。

展示区原方案与修改方案的对比如图6-44所示，最终平面图如图6-45所示，区域图如图6-46所示。

图 6-40 下沉广场

图 6-41 休闲空间

图 6-38 木制平台

图 6-42 灯光走道

图 6-39 夜间鸟瞰图

图 6-43 穿孔铝板景墙

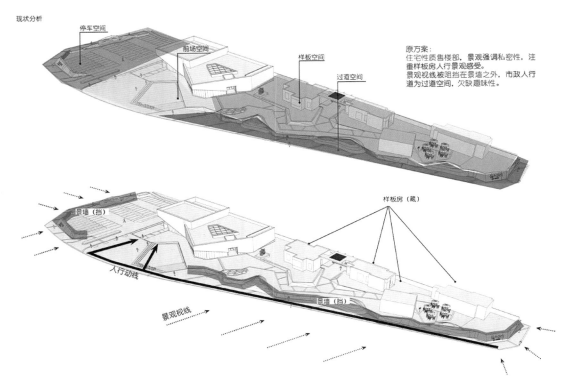

图 6-44　原方案与修改方案对比

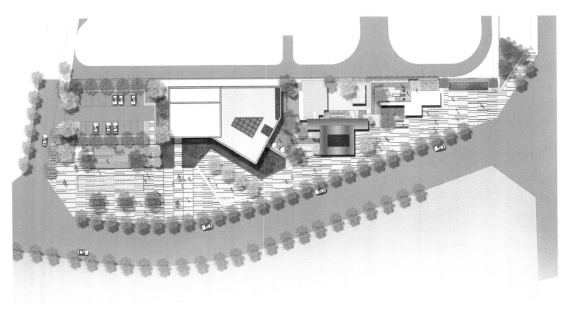

图 6-45　最终平面图

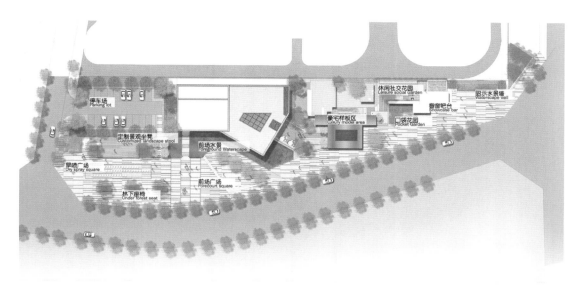

图 6-46　区域图

思考与练习

1. 根据所学内容绘制景观铺装设计方法框架图。

2. 谈谈景观铺装对城市形象的影响。

3. 历史会对景观铺装设计产生什么影响？

4. 辨析：城市中只需要保留历史。

5. 查找相关资料，谈谈经济发展会对景观铺装设计产生的影响。

6. 根据本书所学内容，设计校园活动广场铺装，并绘制效果图。

7. 结合本书内容，写一篇关于如何看待景观铺装发展的小论文。

附录 A
城市道路设计规范常用数据表格

附表 A-1　各级道路的设计速度　　　　　　　　　　　　　　　　　　单位: km/h

道路等级	快速路			主干路			次干路			支路		
设计速度	100	80	60	60	50	40	50	40	30	40	30	20

附表 A-2　道路最小净高　　　　　　　　　　　　　　　　　　单位: m

道路类型	行驶车辆类型	最小净高
机动车道	各种机动车	4.5
	小客车	3.5
非机动车道	自行车、三轮车	2.5
人行道	行人	2.5

附表 A-3　机动车道最小宽度　　　　　　　　　　　　　　　　　　单位: m

车型及车道类型	设计速度	
	> 60 km/h	≤ 60 km/h
大型车，混行车道	3.75	3.5
小客车，专用车道	3.5	3.25

附表 A-4　非机动车道最小宽度　　　　　　　　　　　　　　　　　　单位: m

车辆类型	自行车	三轮车
非机动车道宽度	1.0	2.0

附表 A-5 人行道宽度 单位：m

项目	人行道宽度	
	一般值	最小值
各级道路	3.0	2.0
商业或公共场所集中路段	5.0	4.0
火车站、码头附近路段	5.0	4.0
长途汽车站	4.0	3.0

附表 A-6 分车带最小宽度 单位：m

类型		中间带		两侧带	
设计速度		≥ 60 km/h	< 60 km/h	≥ 60 km/h	< 60 km/h
路缘带宽度	机动车道	0.5	0.25	0.5	0.25
	非机动车道	—	—	0.25	0.25
安全带宽度 W_{sc}	机动车道	0.5	0.25	0.25	0.25
	非机动车道	—	—	0.25	0.25
侧向净宽 W_1	机动车道	1.0	0.5	0.75	0.5
	非机动车道	—	—	0.5	0.5
分隔带最小宽度		2.0	1.5	1.5	1.5
分车带最小宽度		3.0	2.0	2.5(2.0)	2.0

附表 B-1　大理石一览表

编号	名称	图样	编号	名称	图样
001	雪花白		005	啡网	
002	丹东绿		006	九龙壁	
003	水晶白		007	黑白根	
004	汉白玉		008	虎皮黄	

编号	名称	图样	编号	名称	图样
009	玛瑙红		016	冰花玉	
010	广西白		017	金镶玉	
011	白海棠		018	贵州米黄	
012	绿宝		019	玛瑙	
013	木纹黄		020	蝴蝶花	
014	杭灰		021	杜鹃红	
015	米黄玉		022	黑金花	

编号	名称	图样	编号	名称	图样
023	白洞石		030	埃及米黄	
024	西班牙米黄		031	金花米黄	
025	大花绿		032	雅士白	
026	大花白		033	珊瑚红	
027	金线米黄石		034	细花白	
028	爵士白		035	中花白	
029	金碧辉煌		036	西米龙舌兰	

编号	名称	图样	编号	名称	图样
037	白宫米黄		039	金年华	
038	中东米黄		040	黄金海岸	

附表 B-2　花岗岩一览表

编号	名称	图样	编号	名称	图样
001	珍珠白		005	黑色	
002	芝麻白		006	深灰	
003	芝麻黑		007	中灰	
004	黑金砂		008	浅灰	

编号	名称	图样	编号	名称	图样
009	翡翠绿		016	贵妃红	
010	大花绿		017	樱桃红	
011	绿星		018	中国红	
012	中国绿		019	芝麻青	
013	古典金麻		020	竹叶青	
014	虎皮黄		021	芦花青	
015	玫瑰红		022	菊花青	

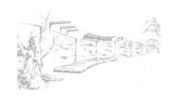

参考文献
References

[1] 鲍诗度. 铺装景观细部分析 [M]. 北京：中国建筑工业出版社，2006.

[2] 贝龙. 景观实录 - 铺装 [M]. 李婵，译. 辽宁：辽宁科学技术出版社，2016.

[3] 言华，辛睿. 景观建筑小品设计 500 例——水景、园路铺装、景墙 [M]. 北京：中国电力出版社，2014.

[4] 金井格. 道路和广场的地面铺砖 [M]. 北京：中国建筑工业出版社，2006.

[5] 克劳埃尔. 装点城市：公共空间景观设施 [M]. 高明，刘丹春，译. 天津：天津大学出版社，2010.

[6] 王浩. 村落景观的特色与整合 [M]. 北京：中国林业出版社，2010.

[7] 吴玲. 地被植物与景观 [M]. 北京：中国林业出版社，2007.

[8] 坎农·艾佛斯. 景观实录·生态海绵城市 [M]. 辽宁：辽宁科学技术出版社，2007.

[9] 许浩. 景观设计——从构思到过程 [M]. 北京：中国林业出版社，2007.

[10] 王葆华，田晓. 景观材料与施工工艺 [M]. 武汉：华中科技大学出版社，2015.

[11] 吴庆洲. 道路铺装景观设计——当代城市景观与环境设计丛书 [M]. 北京：中国建筑工业出版社，2005.

[12] 石云兴，宋中南，蒋立红. 多孔混凝土与透水性铺装 [M]. 北京：中国建筑工业出版社，2016.

[13] 冯德成，解晓光. 环境友好型路面铺装技术 [M]. 北京：科学出版社，2013.